어른아이를 위한
반려인형과 옷 만들기

어른아이를 위한
반려인형과 옷 만들기

홍지경 지음

팜파스

Prologue

20여 년 전
가정용 재봉틀을 사서 배송을 마다하고 집으로 들고 왔습니다.

아이를 들쳐 업고
무거운 줄도 모르고 지하철과 택시를 타고 가져온 재봉틀.

밤새도록 두 아이의 옷을 지어 입히며
일상의 고단함을 달래곤 했습니다.

하지만 아이들이 자라 엄마가 만들어준 옷을 찾지 않는 나이가 되고,
퇴근이 늦어 집에 가면 씻고 잠드는 생활이 반복되며 일상에 지쳐갈 때,
'아! 나에겐 바느질이 있었지'라는 생각이 들었습니다.

바느질하는 시간의 대부분은 멍하니 있다가 생각하고 그리다가
잠이 드는 것을 반복하다 태어난 아이가 야매입니다.

작고 말랑한 아이를 조몰락거리면 산란했던 마음이 가라앉음을 느낍니다.
여행도 같이 다니고 계절이 바뀌면 옷도 새로 지어 입히는
'야매'는 단순한 장식용 인형이 아닌 마음을 나누는 반려인형입니다.

저에게 바느질은 단순한 취미를 넘어
주변의 모든 자극을 차단하고 쉴 수 있는
안식처였나 봅니다.

Contents

◊◊◊ Basic ◊◊◊

인형과 인형 옷을 만들기 전에

◊◊◊ Part 01 ◊◊◊

야매야 놀자~

◊◊◊ *Part 02* ◊◊◊

야매의 의상과 소품 만들기

목걸이
블라우스
캉캉 스커트
레깅스

브라렛
팬티

초커
민소매 원피스
앞치마
샤 스커트

긴소매 원피스
머플러
앞치마
레깅스

머플러
민소매 변형
샤 스커트
레깅스

블라우스
민소매 원피스
속바지

브라렛
남방
몸빼 변형
양말

속바지

앞치마
블라우스
민소매 원피스

브라렛
캉캉 스커트
레깅스

인어

보닛
랩 스커트
속치마
속바지

남방
블라우스
치마
목걸이
양말

폼폼 스커트
양말

긴소매 원피스
앞치마
레깅스
양말

화관
랩 스커트
스팽글 스커트

◊◊◊ *Basic* ◊◊◊

인형과
인형 옷을
만들기 전에

재료와 도구

원단

면과 린넨을 주로 사용합니다.
면은 20수, 40수, 60수를 주로 사용하고 린넨은 11수와 14수를 사용합니다.
인형 몸은 린넨 11수, 14수, 면 20수 내외, 광목 30수를 사용했습니다. 의상은 퓨어린넨, 면 혼용 린넨, 면 20수, 40수, 60수, 거즈면, 소창 등을 사용했습니다.

본문 설명에 실제 사용된 원단의 종류를 표기하였습니다(원단의 종류에 따라 인형의 완성된 느낌이 각기 다르게 표현됩니다).
인형 몸체를 만들 땐 퓨어 린넨, 늘어짐이 있는 종류의 니트지, 스판덱스 소재의 원단 등을 사용하면 형태가 변형될 수 있습니다.
인형 옷을 만들 때 안 입는 면 소재 옷을 사용하면 선세탁 과정을 생략해도 되고, 여러 번 세탁되어 빈티지한 느낌의 옷을 만들 수 있습니다.
레깅스와 양말의 경우 니트지를 사용하는데, 사용량에 비해 많은 양을 구매해야 하므로 안 입는 티셔츠 등을 활용하면 좋습니다.

가위

재단 가위 끝이 뾰족한 가위가 작고 섬세한 인형 옷을 재단하는 데 좀 더 편리합니다. 천 전용 재단 가위를 준비하면 좋지만, 여의치 않다면 천이 잘 잘리는 끝이 뾰족한 가위를 사용해주세요(일반 가위는 두께감이 있는 원단을 자를 때 원단 밀림이 있을 수 있습니다). 원단을 자를 때 가위의 끝부분만을 움직여 잘라주면 원단의 밀림 현상을 줄일 수 있습니다.
실 가위 실을 자르거나 잘못된 재봉을 뜯을 때 사용합니다.
그 외 쪽가위, 자수용 실 가위

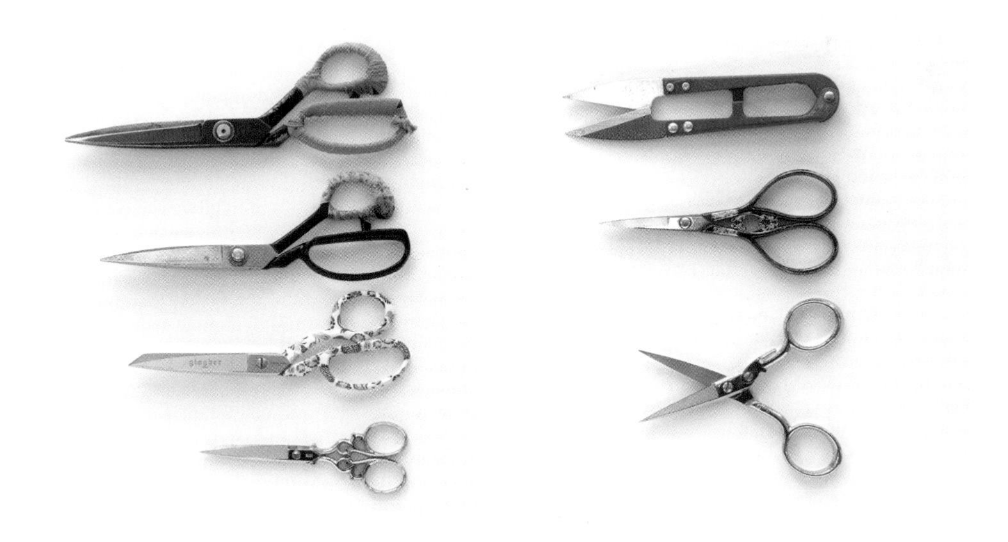

바늘

4~5cm 내외의 얇은 바늘은 인형 몸체를 꿰매거나 옷을 만들 때 사용합니다. 바늘귀가 큰 바늘은 얼굴 표정이나 몸체에 스티치를 놓을 때 사용합니다. 바느질이 처음이면 여러 가지 사이즈가 혼용된 바늘을 구매하면 좋습니다.

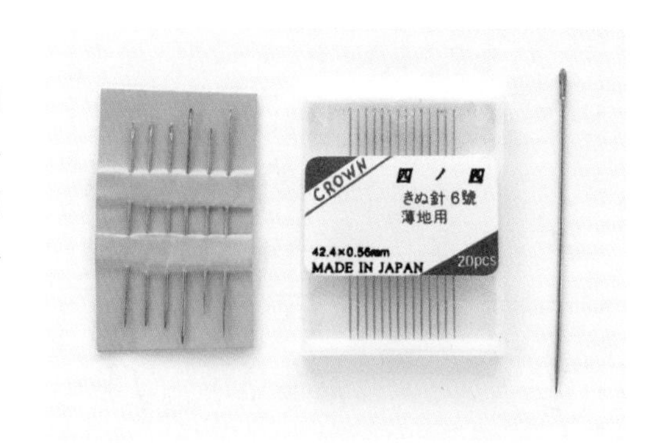

실

재봉사 일반적으로 사용되는 기본 실입니다. 폴리에스터 소재로 다림질 시 고온에 눌어붙을 수 있으니 주의해야 합니다. 저가 실은 실의 굵기가 일정하지 않고 끊어짐과 먼지 일어남이 심하니 전용 재봉사를 사용해주세요.

견봉사(실크사) 60수나 퓨어린넨에 사용하면 좋습니다.

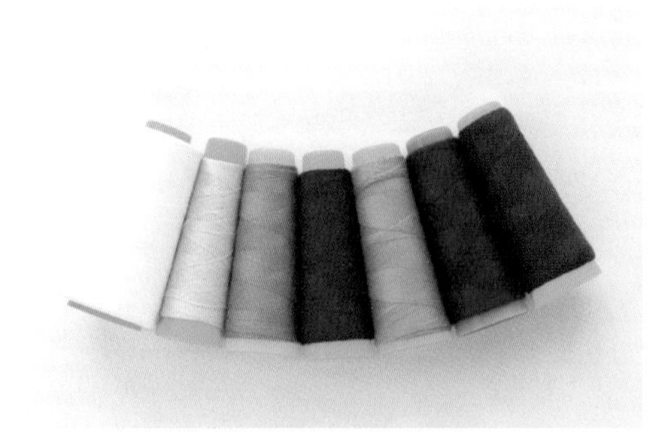

시침핀

바느질감을 임시 고정할 때 사용합니다. 구슬이 달린 시침핀은 바느질하면서 실이 걸리는 경우가 많으니 구슬이 없고 굵기가 가는 실크 시침핀을 사용해주세요.

핀쿠션

시침핀을 꽂아 사용합니다. 작은 접시에 양면테이프 등으로 자석을 고정한 뒤 사용해도 좋습니다.

겸자

인형 또는 인형 옷을 뒤집을 때 사용합니다. 큰 겸자는 인형의 몸체에 사용하고, 작은 겸자는 인형의 팔, 다리, 인형 옷 등 작고 좁은 바느질감을 뒤집을 때 유용합니다. 겸자로 원단을 잡아 뒤집을 때 날카로운 끝부분에 원단이 상하지 않도록 주의해 주세요.

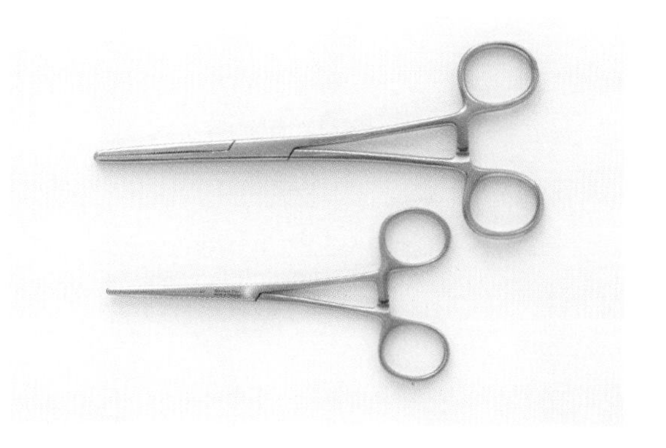

스냅단추(똑딱단추)

인형 옷의 여밈에 사용됩니다. 플라스틱, 금속 스냅단추가 있습니다. 시접량이 0.5cm일 경우 스냅단추 중 가장 작은 사이즈를 사용합니다.

납작 고무줄

납작하고 골이 파인 고무줄입니다. 고무줄에 파인 골에 따라 4골, 6골 등으로 나뉩니다. 본문 인형 옷에는 4골(0.4cm) 납작 고무줄을 사용합니다(고무줄의 장력에 따라 사용량이 달라지므로 다른 사이즈의 고무줄을 사용할 경우 매듭짓기 전 사이즈를 확인하세요).

방울 솜

약 0.5cm 지름의 작은 원형의 솜으로, 인형의 충전재로 사용합니다. 인형의 팔 등 작고 좁은 부위를 채우기 쉬우며, 만들고 나면 말랑말랑한 느낌이 구름 솜에 비해 좋습니다.

자

직각자와 20cm 시접자

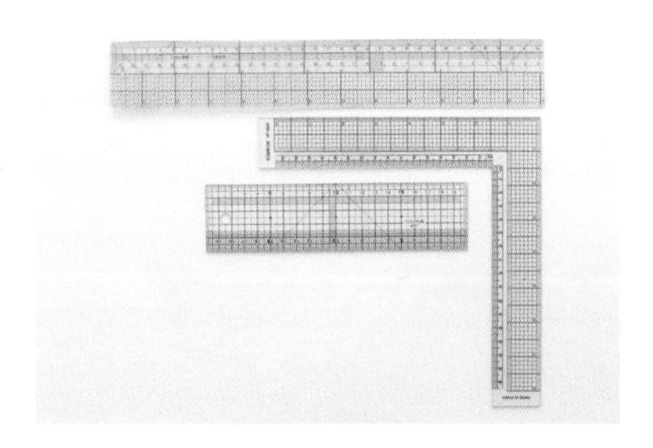

직각자 패턴을 원단에 올려둔 후 수평 수직을 맞출 때 사용합니다. 인형이나 인형 옷은 작은 크기의 원단을 사용합니다. 약간의 오차에도 완성 뒤 틀어짐이 생길 수 있으니 재단 작업 시 원단의 수평 수직을 맞춰주세요.

시접자 시접자를 사용하여 시접량을 일정하게 맞춰주면 바느질할 때 편리합니다.

다리미

바느질이 서툴러도 다림질을 잘해주면 서툰 바느질도 어느 정도 보완이 가능합니다. 특히 인형 옷을 만들 땐 과정과 과정 사이 다림질을 자주 해줍니다.
옷을 완성한 뒤에는 일반 다리미로 다림질하기 어려운 부분이 있습니다. 이때 소형 다리미를 사용하면 좋습니다. 만약 소형 다리미가 없다면 원단을 돌돌 말아 어깨 라인 등을 다릴 때 사용합니다.

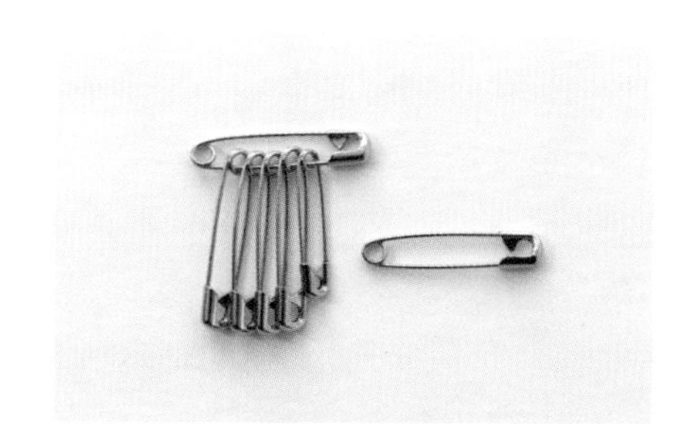

옷핀

고무줄을 끼울 때 사용합니다. 옷핀의 굵기는 0.7cm 미만을 사용해주세요.

각종 레이스와 리본

인형과 옷을 장식할 때 사용합니다. 주로 면으로 제작된 토션 레이스를 사용하고, 니트지 같은 늘어남이 있는 원단의 경우 고무줄 레이스 또는 스판덱스 레이스를 사용해주세요.

패브릭 펜

패턴을 원단에 옮겨 그려줄 때 사용하며 열펜, 기화펜, 수성펜, 초크펜 등이 있습니다. 본문에서는 구분을 위해 굵은 열펜을 사용했지만 실제 작업할 때는 기화펜을 이용해주세요.

① **열펜** 다림질하면 그려둔 선이 지워집니다. 하지만 영하의 기온에서 다시 나타나며 흰색 선이 남을 수 있습니다.

② **흰색 열펜** 다림질하면 선이 지워지는 흰색 펜입니다. 진한 브라운 또는 검은색이나 남색 천에 사용하면 구분이 용이합니다. 이 또한 다른 색의 열펜과 동일하게 영하의 기온에서 다시 나타납니다.

③ **기화펜** 그대로 두면 완성 후 2~3일 뒤 기화되어 없어집니다. 다림질에도 선이 없어지지 않고, 대부분 펜 끝이 딱딱하여 물러짐이 덜하고 색 구분이 용이하여 진한 색의 옷감이 아니라면 본문 작업할 때 사용해주세요.

④ **수성펜** 물이 닿으면 없어지는 펜입니다. 원단의 특성에 따라 애매하게 물이 묻으면 얼룩이 생길 수 있어 바느질에 서툰 분들은 사용을 피해주세요.

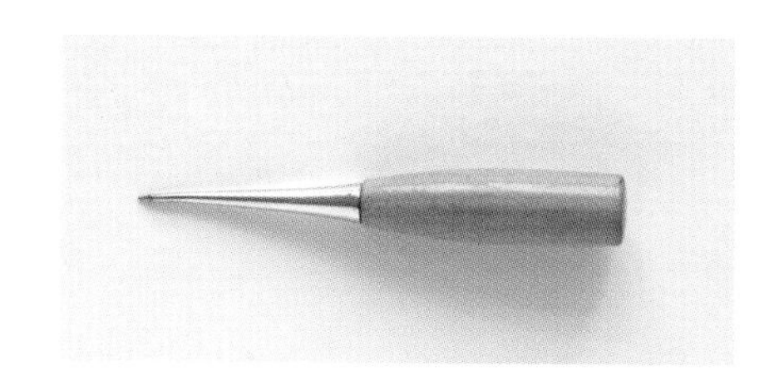

송곳

각진 부분의 시접을 펴주거나 주름을 골고루 분산시킬 때 사용해주세요.

실 끼우개

바늘귀가 작은 바늘을 사용하기 때문에 실 끼우개가 있으면 편리합니다. 철사가 아주 가는 실 끼우개를 사용해야 합니다. 금속 손잡이의 실 끼우개는 대체로 아주 가는 편이나 손잡이가 플라스틱으로 만들어진 실 끼우개는 철사가 굵은 경우도 있으니 사용하는 바늘의 호수에 맞춰 구매하세요.

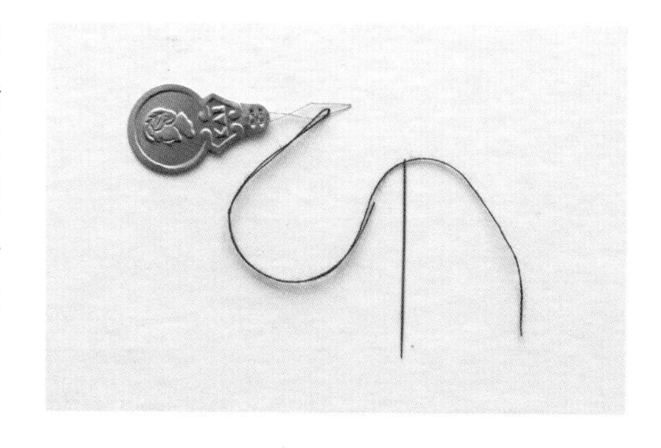

손바느질의 기초

바느질하기 전

실 정리

인형의 몸체나 길이가 긴 치마 밑단 등을 바느질할 때는 실의 길이를 50cm 내외로 잘라 사용해주세요. 이보다 길이가 더 길면 꼬임이 생기거나 올이 풀어져 바느질에 방해가 됩니다. 이보다 더 짧은 경우는 실을 자주 교체하는 불편함이 있습니다. 인형 옷의 어깨나 옆선 등 비교적 바느질 길이가 짧은 경우는 그에 비례하여 실의 길이를 조절해주세요.

재봉사 적당한 길이로 자른 실을 다리미로 누르듯 실을 당기며 다려주세요. 실을 다려주면 바느질 도중 실의 꼬임이 완화됩니다.

실크사 실 전용 왁스를 사용하여 코팅한 뒤 흰색 종이나 실 다림 전용 천을 준비하여 왁스가 묻어나지 않을 때까지 다림질해주세요. 일반 초를 사용하면 채도가 낮아져 거뭇거뭇해질 수 있으니 주의해주세요.

실 합사

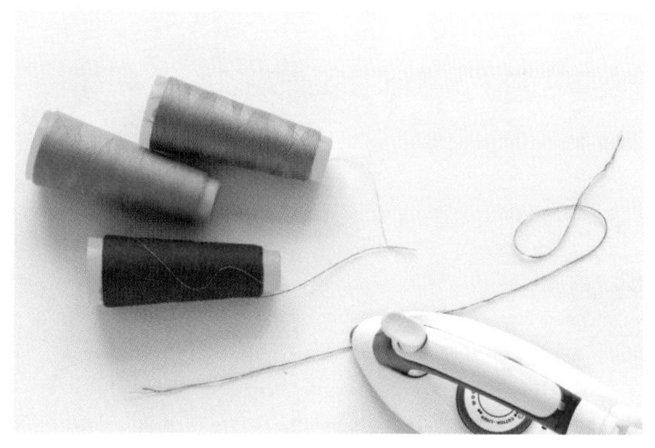

언제든 쉽게 바느질할 수 있도록 실은 일반적으로 쉽게 구할 수 있는 재봉사를 사용합니다. 표정이나 몸체 수에도 재봉사가 사용되는데, 이때 한두 겹을 사용하기보다는 3가닥 이상 합사한 실로 얼굴 표정 등에 사용합니다.

동일한 색상의 실을 합쳐주거나 서로 다른 색상을 합쳐줍니다. 실을 정리하지 않고 사용하면 합사한 실 중 한 가닥이 삐져나오거나 꼬임이 심하게 발생할 수 있으니 다림질로 실을 정리하여 사용합니다.

다림질

바느질은 다림질로 시작해서 다림질로 끝난다 해도 과언이 아닙니다. 준비된 원단이 구겨져 있다면 다림질하여 구김을 펴줍니다. 그리고 한 과정이 끝날 때마다 바느질선을 다려주면 서툰 바느질도 완성도를 높여줍니다. 이때 옷의 소재가 면이어도 재봉사는 폴리에스테르인 경우가 대부분이니 실이 눌어붙지 않도록 주의해주세요.

선 세탁

일반적인 면과 린넨 소재 원단은 바느질하기 전 세탁을 해주면 좋습니다. 1~2야드(yd) 정도의 소량은 울 샴푸 또는 중성세제를 가볍게 풀어 30분 정도 담가둔 후 손세탁해주세요. 완전히 마르기 전에 다듬어주면 구김이 덜하고 식서 방향의 틀어짐이 방지됩니다. 필요량만을 선세탁할 경우에는 원단의 수축과 올 풀림, 식서 방향 맞춤 등을 감안하여 20% 여유 있게 잘라 세탁해주세요.

바느질하기

가장 쉽고 편한 바느질 방법을 사용합니다. 인형의 몸체와 옷을 만들 때 주로 홈질과 반박음질을 사용하고 창구멍을 막을 때에는 감침질을 해주고, 좀 더 깔끔하게 하고 싶다면 공그르기를 해줍니다.

홈질

바느질 중 가장 기초적이며 본문에서 가장 많이 쓰이는 바느질법입니다. 실을 과하게 당기면 바느질선이 울게 됩니다. 적당한 힘으로 중간중간 바느질선을 손가락으로 훑어주어 울지 않도록 해줍니다. 작은 사이즈라면 관계없지만 5cm를 넘는 바느질감이라면 중간중간 반박음질로 바느질선을 고정해 줍니다.

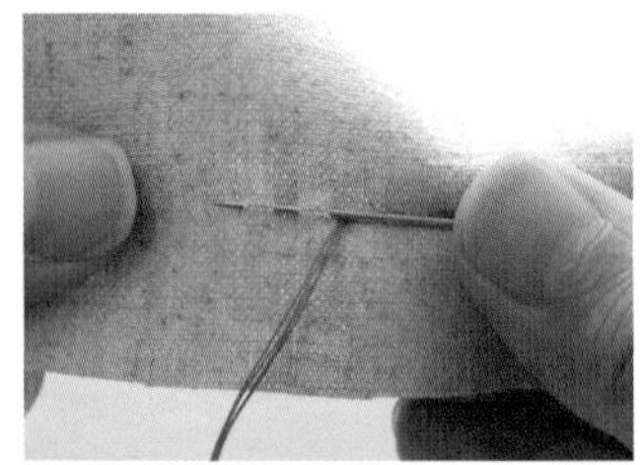

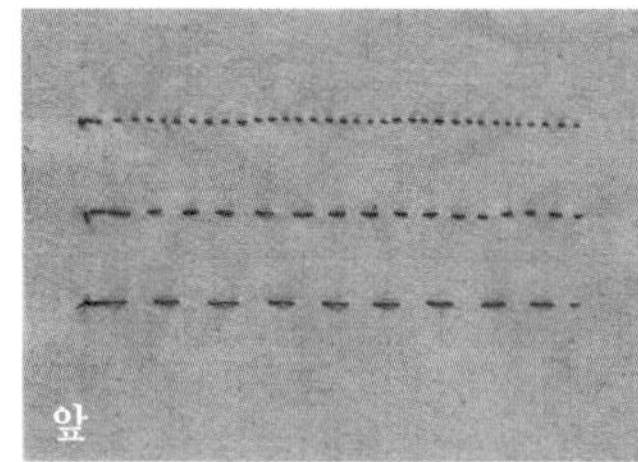

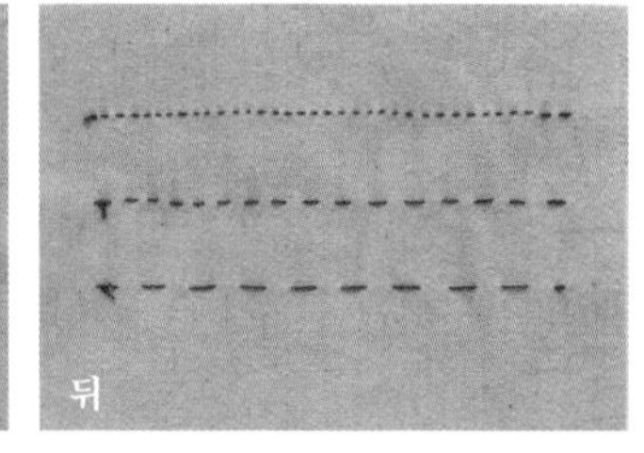

반박음질

바늘땀과 공백이 동일하도록 간격을 유지해주세요. 박음질은 실이 서로 겹쳐 두꺼워질 수 있어 원단이 얇지만 튼튼한 바느질을 원할 때 사용하거나, 홈질 중간중간 바느질선이 당겨지지 않도록 사용하기도 합니다.

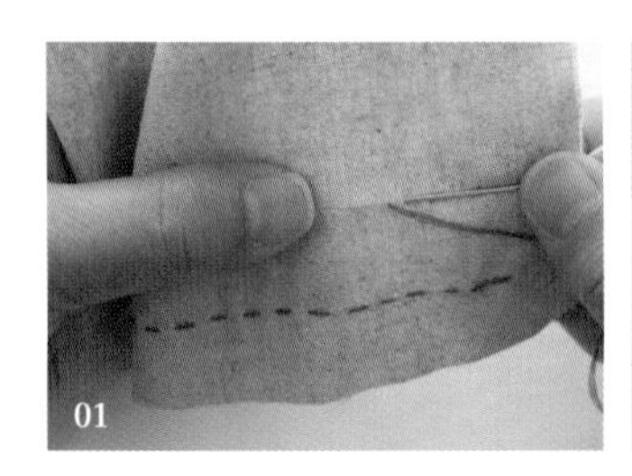

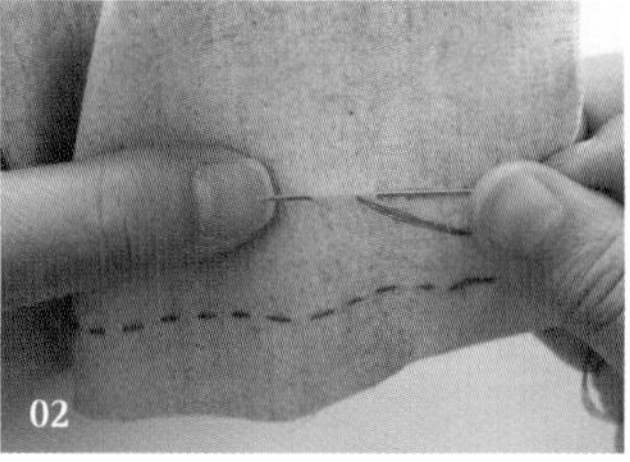

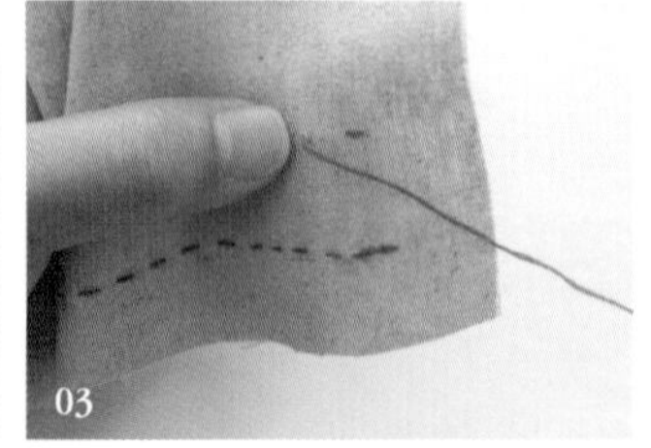

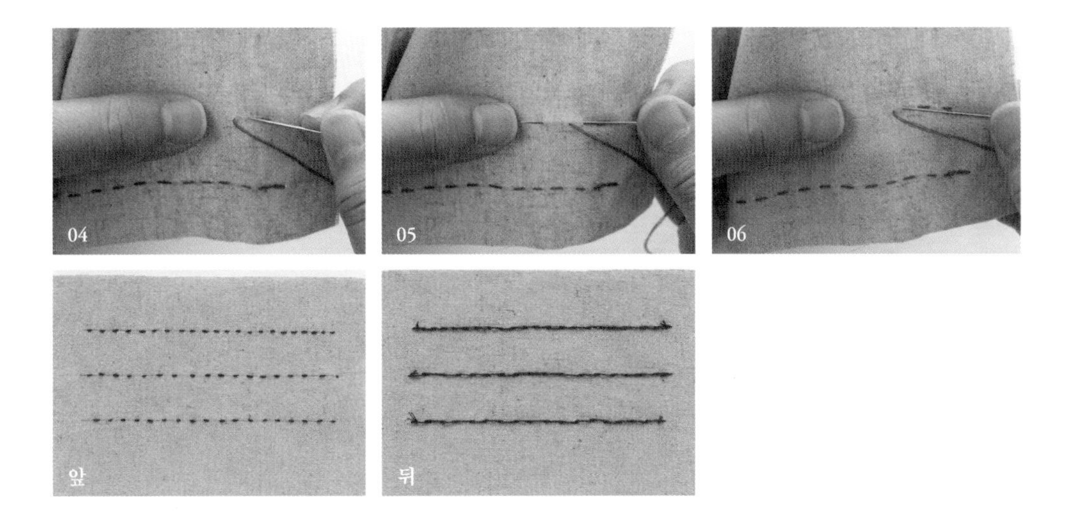

박음질

튼튼하게 꿰맬 때 사용합니다. 앞부분은 재봉틀 선과 동일하지만 뒷부분은 실이 서로 겹쳐집니다. 간격이 동일하게 되도록 해주세요. 바늘땀이 미세할 경우 원단에 바느질선이 표시되지 않고 실을 너무 당길 경우 원단이 울어 사이즈가 줄어들 수 있으니 주의해주세요.

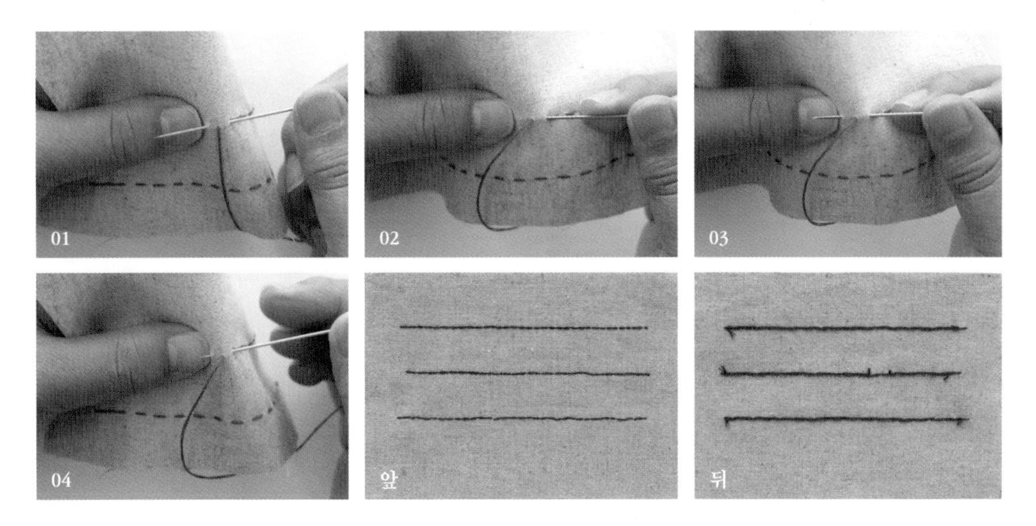

공그르기

주로 창구멍을 막기 위해 사용되며, 꿰맨 자국이 겉으로 드러나지 않고 홈질로 이어진 듯한 느낌을 줍니다. 깔끔한 바느질선을 원할 경우, 인형의 창구멍을 막을 때 사용합니다. 접힌 원단 선에 맞추어 바늘을 빼냅니다. 바늘을 넣고 뺄 때는 수직을 유지해야 실이 보이지 않고 깔끔하게 공그르기가 됩니다.

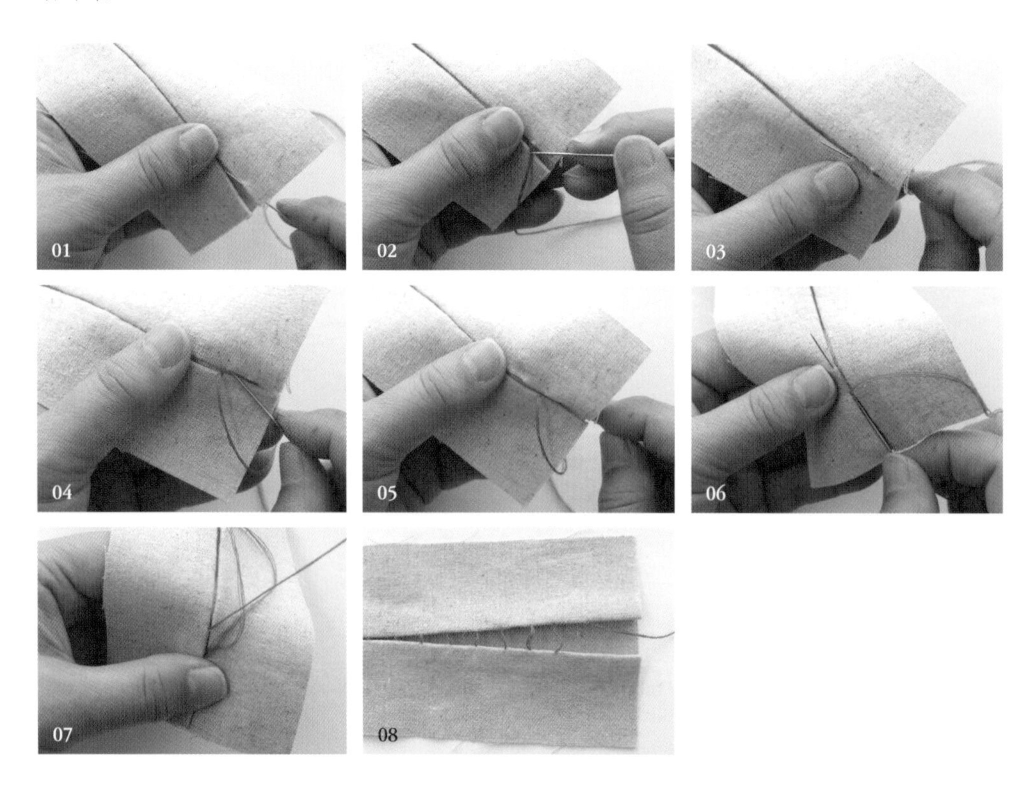

감침질

바늘을 사선으로 비스듬히 넣어줍니다. 구멍을 막기 위한 목적일 땐 솜이 빠져나오지 않도록 촘촘히 꿰매주세요. 중간중간 실을 정리해주어 실이 엉키거나 들뜨지 않도록 해줍니다. 원단과 다른 컬러의 실을 사용해 장식 목적으로 사용하기도 합니다.

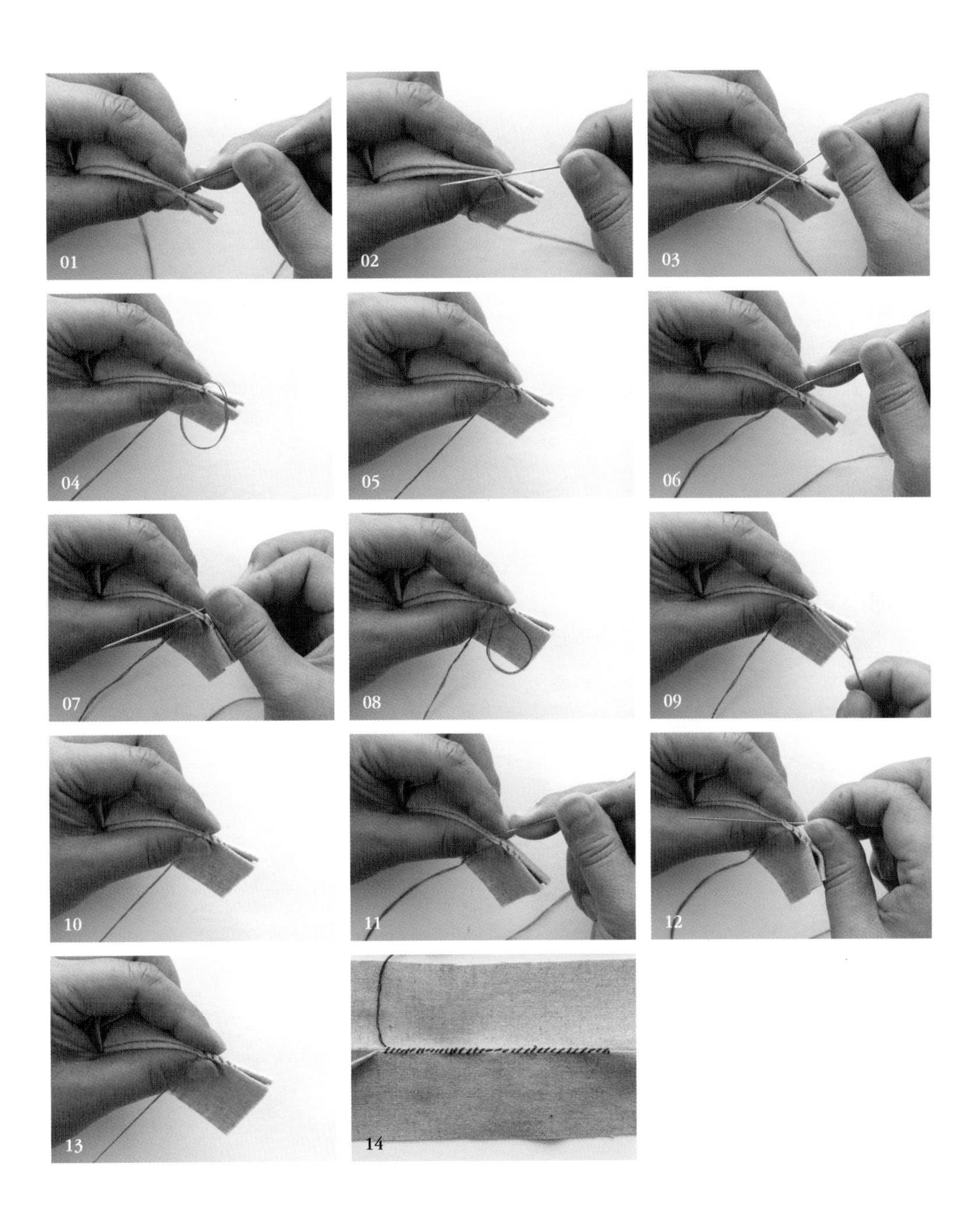

스냅단추 달기

인형 옷의 여밈에 사용됩니다. 실제로 사용되는 스냅단추는 1cm 미만이기 때문에 이 경우 여러 번 꿰매게 되면 실 두께로 인해 단추의 연결이 헐거울 수 있습니다. 위아래 2~3번만 꿰매주고 매듭이 빠지지 않게 실의 매듭을 단단히 묶어줍니다.

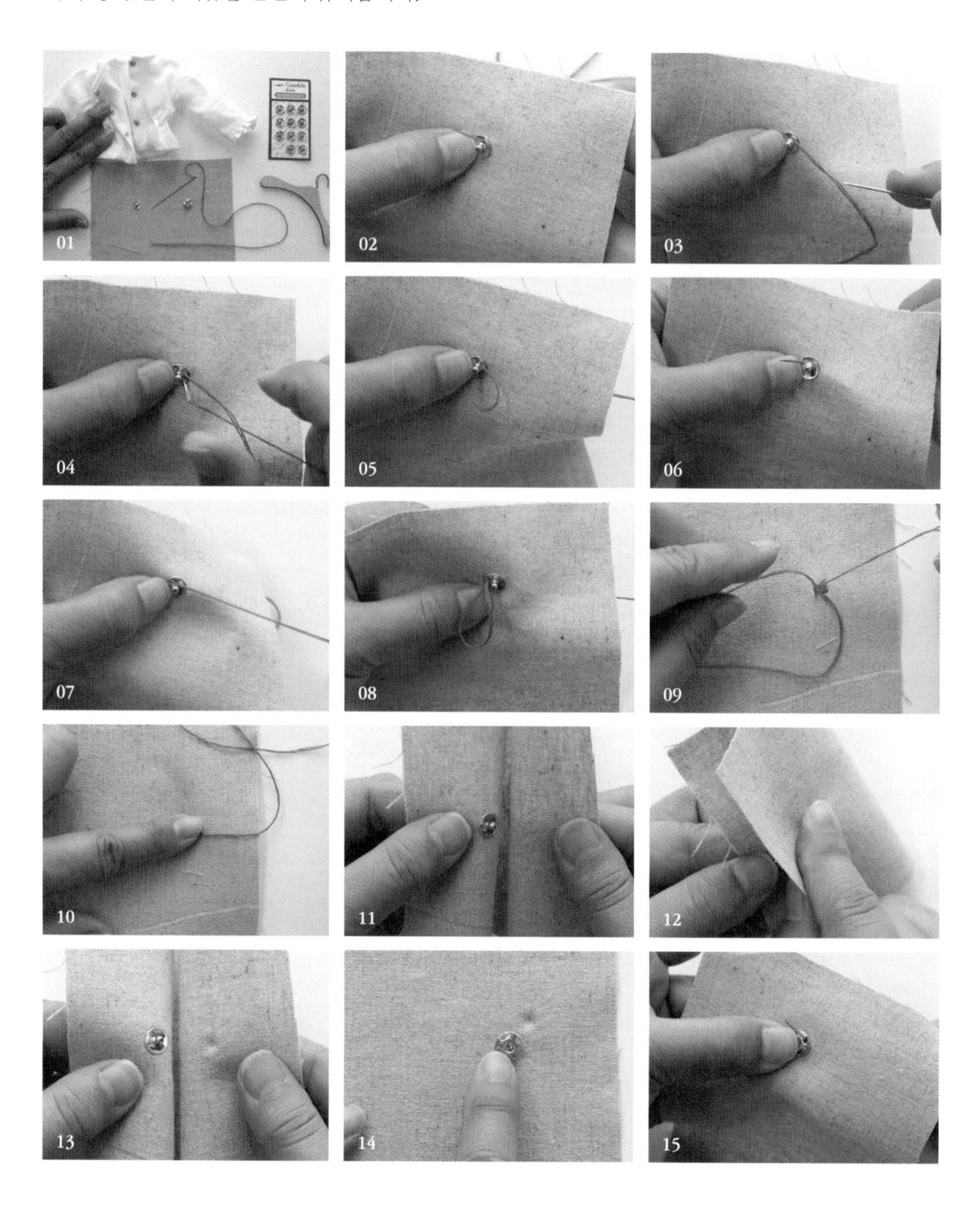

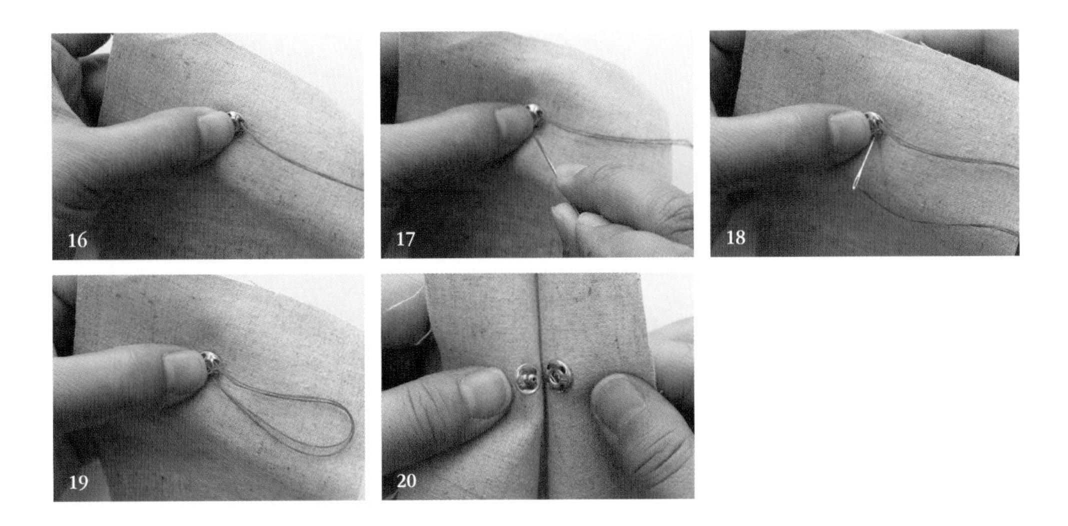

볼록 나온 쪽 스냅은 덮는 쪽에 사용합니다. 볼록 나온 스냅을 꿰맨 후 반대쪽에 덮은 후 꾹 눌러 생긴 자국에 나머지 스냅을 꿰매줍니다.

Tip 바느질의 처음과 끝

인형의 몸체를 꿰매거나 길이가 긴 부분을 꿰맬 경우 처음과 끝을 되돌아 박기 해주면 끝선의 실 풀림을 방지할 수 있습니다. 완성선 안쪽에서 시작점으로 3~4땀을 바느질해준 뒤 다시 역방향 바느질선을 따라 꿰매줍니다. 마지막 마감선까지 바느질한 뒤 반대쪽으로 3~4땀을 바느질해주세요.

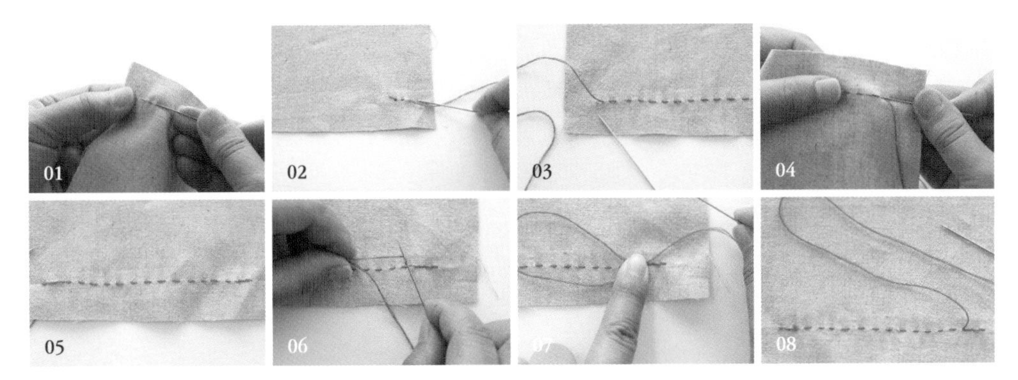

Tip 인형의 표정과 몸체 스티치에 사용된 바느질 방법

얼굴 표정은 박음질과 동일한 바느질법을 주로 사용합니다. 몸체의 장식에 사용된 바느질법을 특별하게 정하지 않았습니다. 가장 편한 바느질 방법을 선택하여 장식해주세요. 홈질을 반복해도 좋고 반박음질로 꿰매도 좋습니다.

바느질 팁

시접 가이드 만들기

바느질할 때 20cm 시접자는 여러모로 유용하여 한 개쯤 장만해두는 것이 좋습니다. 하지만 간단하게 시접 가이드를 만들어 사용해도 좋습니다.

① 10×6cm 직사각의 두꺼운 종이를 준비해주세요. 안쪽으로 0.5cm, 1cm, 1.5cm 선을 사각으로 그린 뒤 사이즈 변형이 없도록 칼로 오려냅니다.

② 완성선에 맞추어 알맞은 두께를 선택해 시접선을 그려주세요.

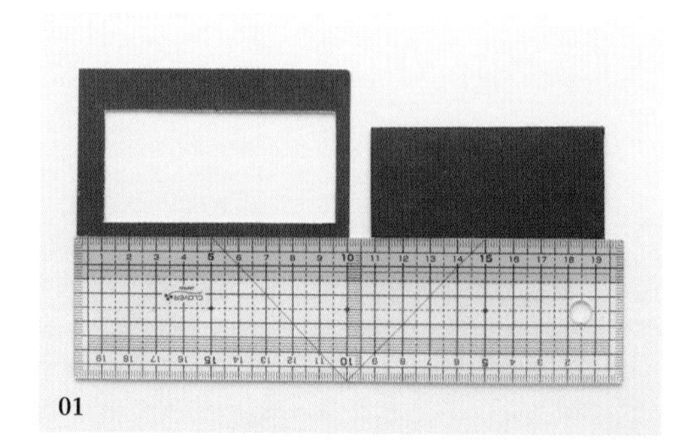

01

02-1

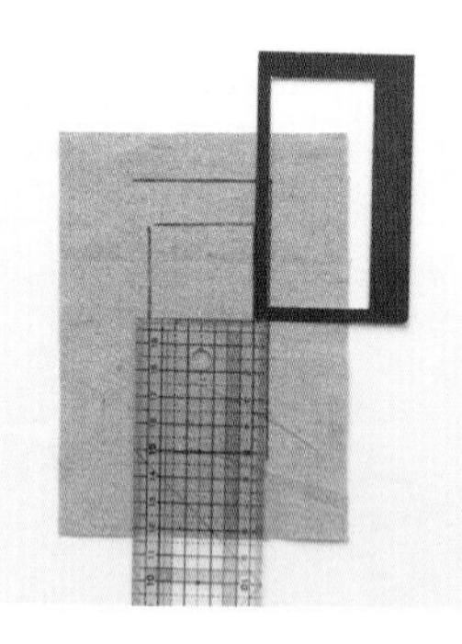

02-2

패턴 옮겨 그리기

인형 패턴의 경우 패턴을 복사하여 마분지에 붙인 뒤 잘라 사용하면 편리합니다. 하지만 인형 옷의 경우 두꺼운 종이에 옮겨 사용할 경우 약 0.2cm 정도 커질 수 있으니 패턴을 그대로 잘라 사용하거나 복사해서 사용해주세요.

주름잡기

2줄 홈질로 주름을 잡아줍니다. 홈질의 두께에 따라 주름의 폭이 달라집니다. 가능한 촘촘한 홈질로 주름을 만들어주세요. 2줄 홈질하여 주름을 잡아주면 바느질을 할 때 주름이 고정되어 가지런하게 만들어집니다.

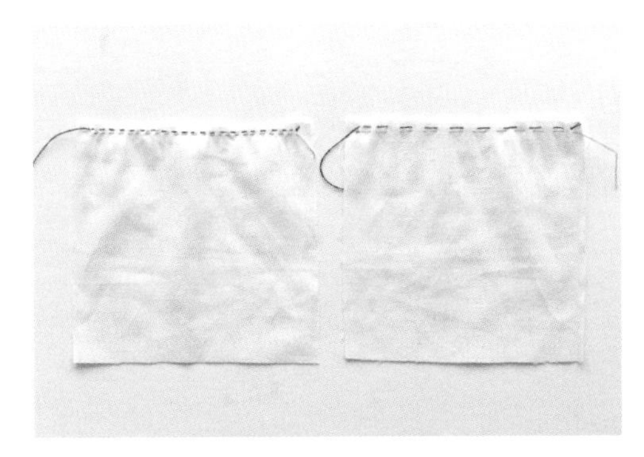

인형 몸에 바늘 통과시키기

인형의 표정과 몸체의 표현은 솜을 채워 완성한 뒤 수놓아줍니다.

① 길이 5cm 이상의 귀가 굵은 바늘을 준비해 실을 꿴 뒤 마감 매듭을 지어놓습니다.

② 눈에 잘 띄지 않는 부분에서 바늘귀를 찔러 넣고 원하는 부분으로 바늘을 통과시켜줍니다.

③ 실을 당겨 매듭을 안으로 넣어주세요. 인형의 몸체를 잡고 실을 살짝 힘을 줘 당기면 매듭이 안으로 들어갑니다. 이때 힘을 과하게 주면 다시 앞으로 매듭이 빠져나올 수 있으니 주의하세요.

④ 원하는 부위로 빼낸 후 표정이나 수를 놓은 뒤 매듭지어 반대편으로 빼낸 실을 살짝 당겨 매듭을 감춰 마감해주세요. 살짝 당겨진 바느질선은 손가락으로 살살 비비며 다시 펴주세요.

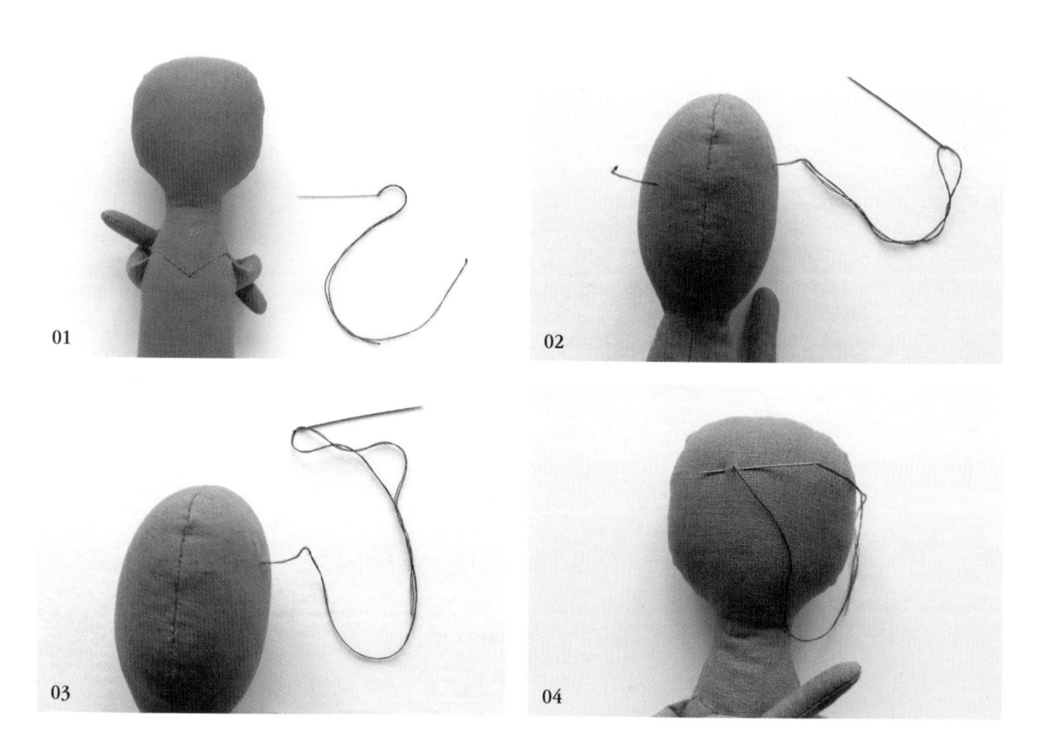

식서 방향

원단의 식서 방향을 맞추지 않으면 인형이 완성된 뒤 몸체가 틀어지거나 인형 옷의 경우 늘어짐이 발생할 수 있습니다. 일반적으로 원단의 막음 처리된 부분이 식서 방향이며, 원단 구매 시 1야드, 2야드 간격으로 잘리는 방향이 푸서 방향입니다.

식서 방향은 원단의 끝과 끝을 당겼을 때 팽팽하게 당겨지는 느낌이 들어 늘어지지 않으며, 푸서 방향은 원단의 끝과 끝을 당겼을 때 살짝 늘어납니다. 식서와 푸서의 대각선으로 원단을 잘랐을 때 바이어스 결이라고 부릅니다.

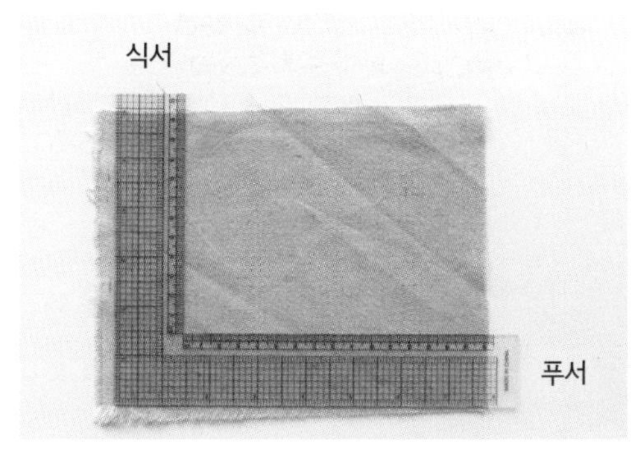

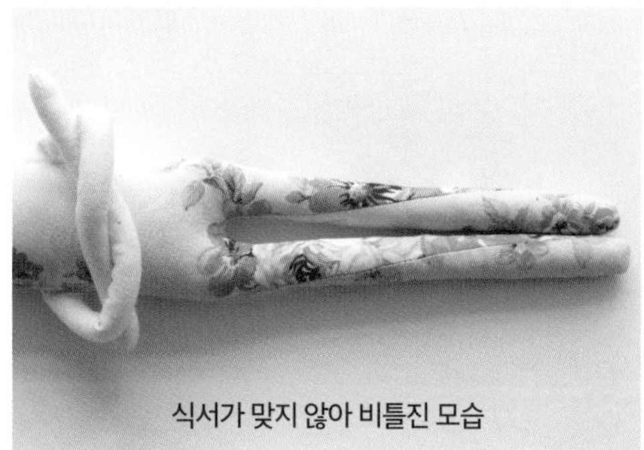
식서가 맞지 않아 비틀진 모습

실 매듭짓기

① 실을 바늘에 걸고 1 : 2 비율로 비대칭이 되게 준비합니다.

② 긴 쪽의 실을 오른손의 검지에 올려놓고 그 위에 바늘의 뾰족한 끝을 올려주세요.

③ 실이 빠지지 않게 주의하며 실을 두 번 정도 감아주세요.

④~⑥ 오른손의 검지와 엄지로 실과 바늘을 꼭 누른 뒤 왼손으로 바늘을 빼내주세요.

⑦ 매듭이 굵지 않아 바느질선이 깔끔합니다.

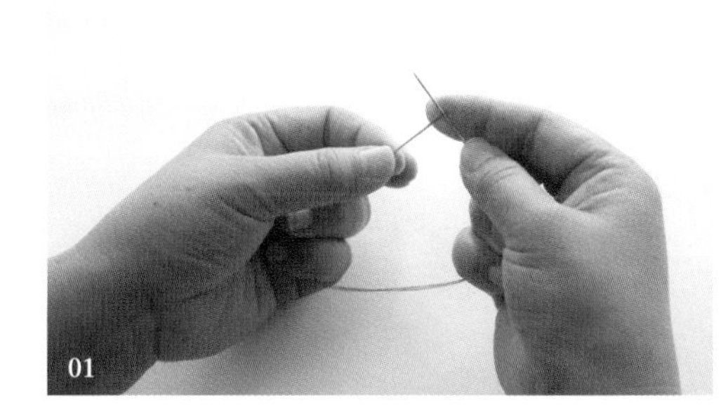
01

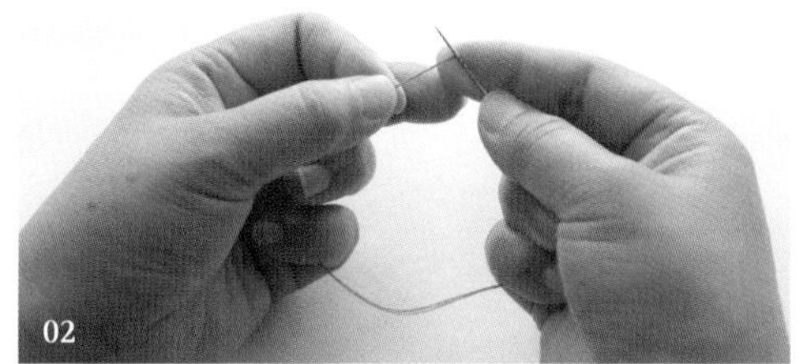
02

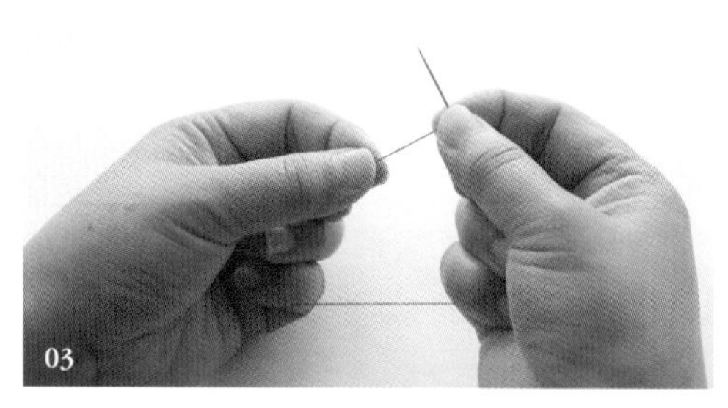
03

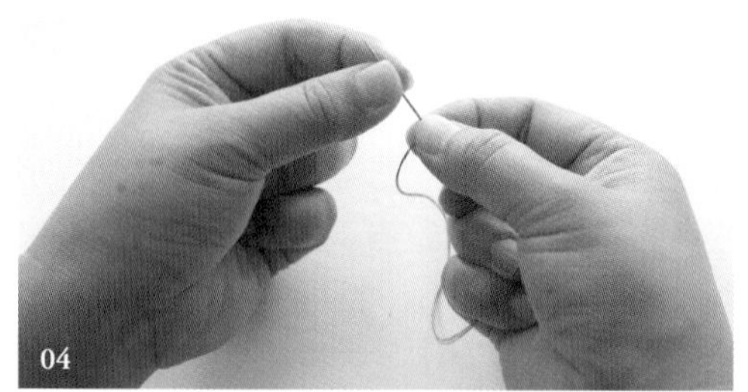
04

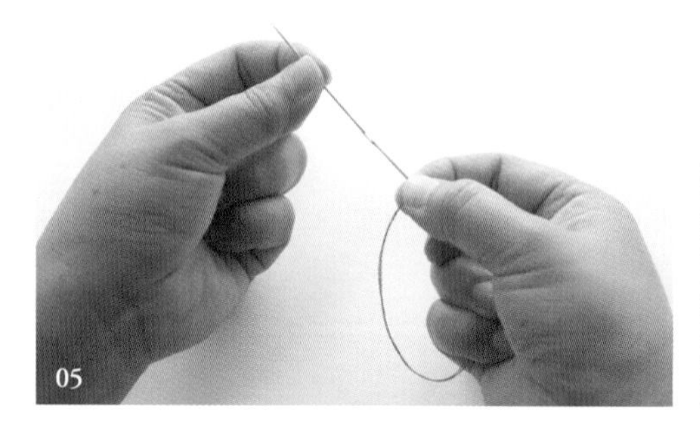
05

06

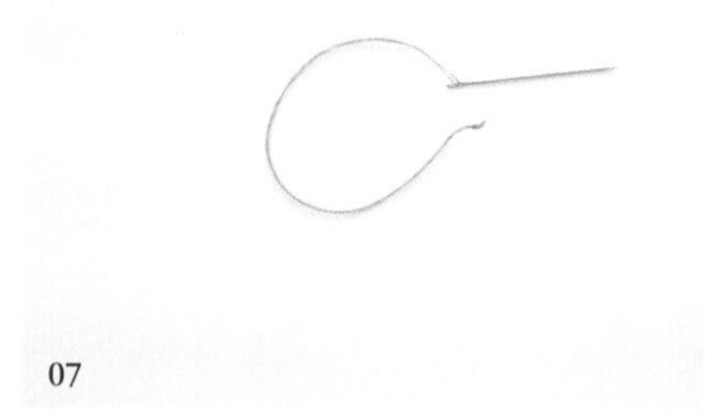
07

바느질 전 참고해주세요

1. 시접

설명이나 패턴을 확인하여 시접 포함 유무를 확인해주세요. 바느질을 먼저 한 뒤 일정한 시접을 두고 자르거나, 시접을 포함하여 자른 뒤 일정한 시접 폭을 유지하며 바느질하는 경우가 있으므로 확인한 후 바느질해주세요.

2. 패턴 그리기

이해를 돕기 위해 과정을 설명할 때 두꺼운 패브릭 펜을 사용했지만, 실제 바느질을 할 때는 가는 굵기의 펜을 이용해주세요. 두꺼운 펜을 사용할 경우 2~3mm 커질 수 있습니다.

3. 실 색상

책에서는 바느질 과정 설명을 위해 진한 색을 사용했습니다. 원단과 같거나 비슷한 색의 실을 사용해주세요.

4. 원단 소요량

길이는 식서 방향을 말합니다.

패브릭 물감을 이용한 나만의 원단 만들기

Ready

면 또는 린넨
패브릭 물감, 파레트(접시)
스텐실용 스펀지, 면봉, 볼 화장솜 등 표현하고 싶은 도구
다리미, 이염 방지용 원단 또는 두꺼운 도화지

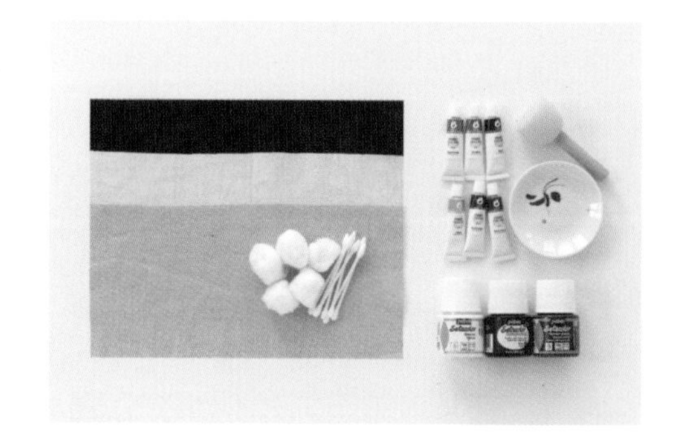

원단 만드는 법

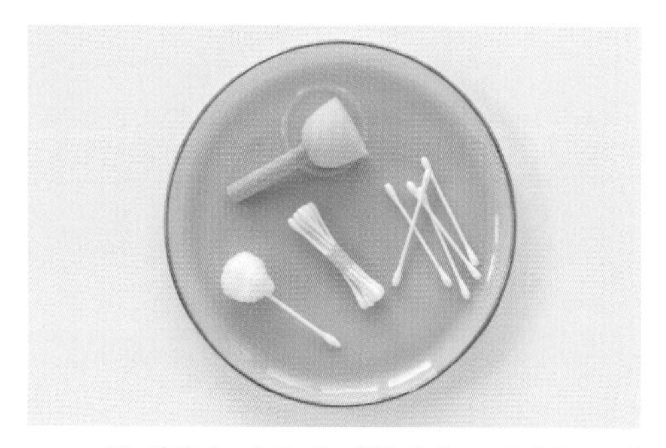

01 붓 역할을 하게 될 면봉이나 스텐실용 스펀지 등을 준비합니다. 일반 면봉에 볼 화장 솜을 돌돌 말아 큰 스텐실용 스폰지 대신 사용할 수 있습니다. 면봉을 여러 개 묶어주세요.

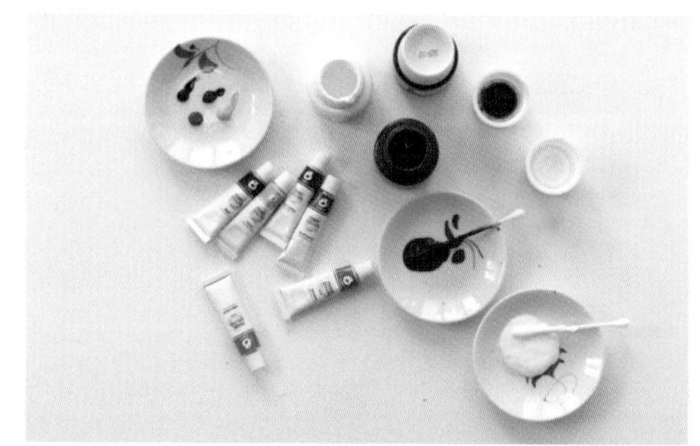

02 원하는 컬러의 패브릭 물감을 접시나 팔레트에 덜어 농도를 조절해주세요.

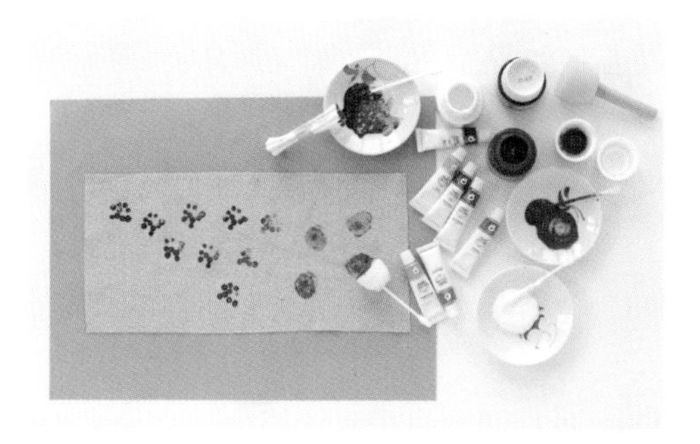

03 이염 방지용 종이에 준비한 원단을 올려놓은 뒤 패브릭 물감을 묻힌 도구를 콕콕 찍어 문양을 만들어주세요. 여러 번 찍게 되면 면봉 가운데는 물감이 옅어지고 테두리는 진하게 묻게 되니 접시에 면봉의 물감을 정리해가며 찍어주세요.

04 사용될 용도에 따라 문양을 찍어주세요.

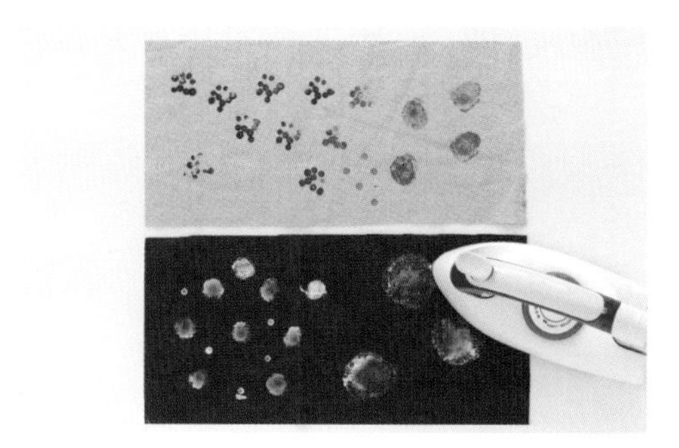

05 완전히 말린 뒤 다림질로 열처리해주세요. 다림질은 꾹꾹 누르듯 다려줍니다.

06 작품 사이즈에 맞게 원단을 만들어 활용합니다.

07 완성된 패브릭은 완전히 건조한 후 다림질로 열처리해주는 것이 필수 사항입니다. 열처리를 하지 않으면 세탁 시 물감이 빠져 이염될 수 있습니다.

Tip

- 농도가 진하면 물감이 뭉치므로 따로 준비한 천 조각에 물감이 뭉치지 않도록 도구의 측면을 비벼 고루 펴준 후 찍어줍니다.
- 농도가 연하면 색이 번지며 그러데이션 효과를 줄 수 있습니다.

◊◊◊ *Part 1* ◊◊◊

야매야,
놀자~

◊◊◊

야매 인형 만들기

실과 바늘을 들어 헝겊을 꿰매

팔과 다리를 만들고 머리카락을 엮어준다.

얼굴에 표정만 넣어주면 나의 야매가 태어난다.

서툴지만 천천히

마음을 담아 조물조물 만들다 보면

어느새 나를 꼭 닮아 있다.

일상에 지친 마음을 위로해줄 작고 귀여운

나의 반려인형 야매

Ready

준비물	몸체_ 20×32cm 11수 린넨 1장
	얼굴_ 22×16cm 11수 린넨 1장
	팔_ 5×16.5cm 11수 린넨 2장
	머리카락용 울실(털실의 두께에 따라 조절해 사용하세요.), 얼굴 표정 스티치용 색실, 방울솜, 패턴
기본 도구	얼굴 표정용 기화펜, 재봉선 표시용 열펜, 실, 바늘, 가위, 시침핀, 겸자

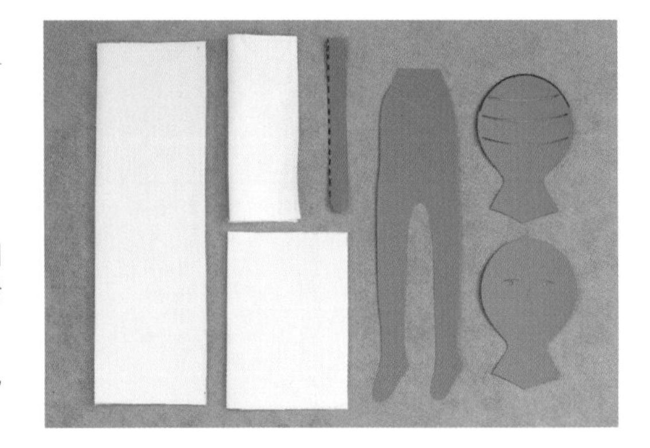

야매 도안

실물 도안 별지

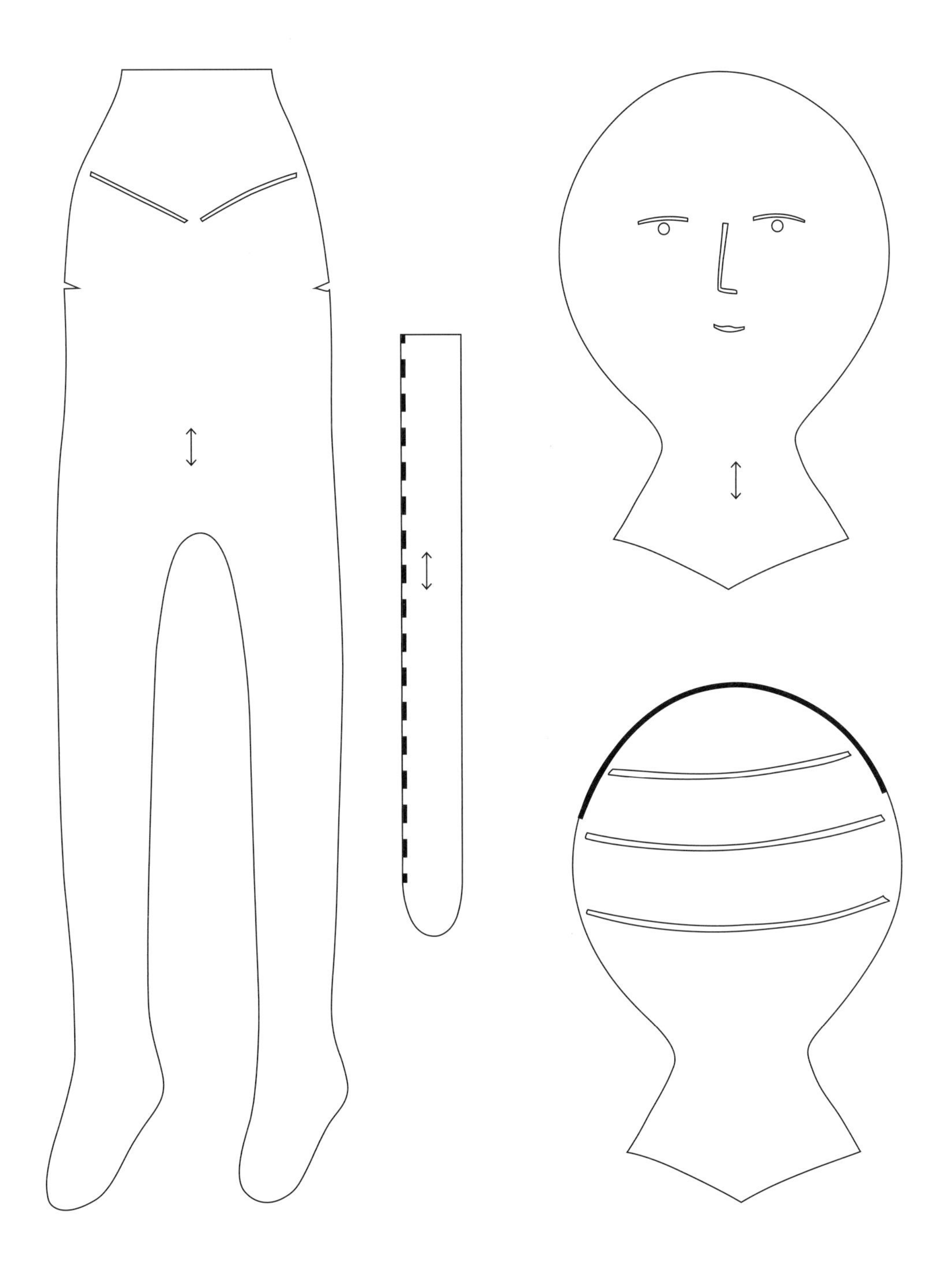

야매 인형 만들기 1

팔 만들기

팔은 두 가지 방법으로 만들 수 있습니다.

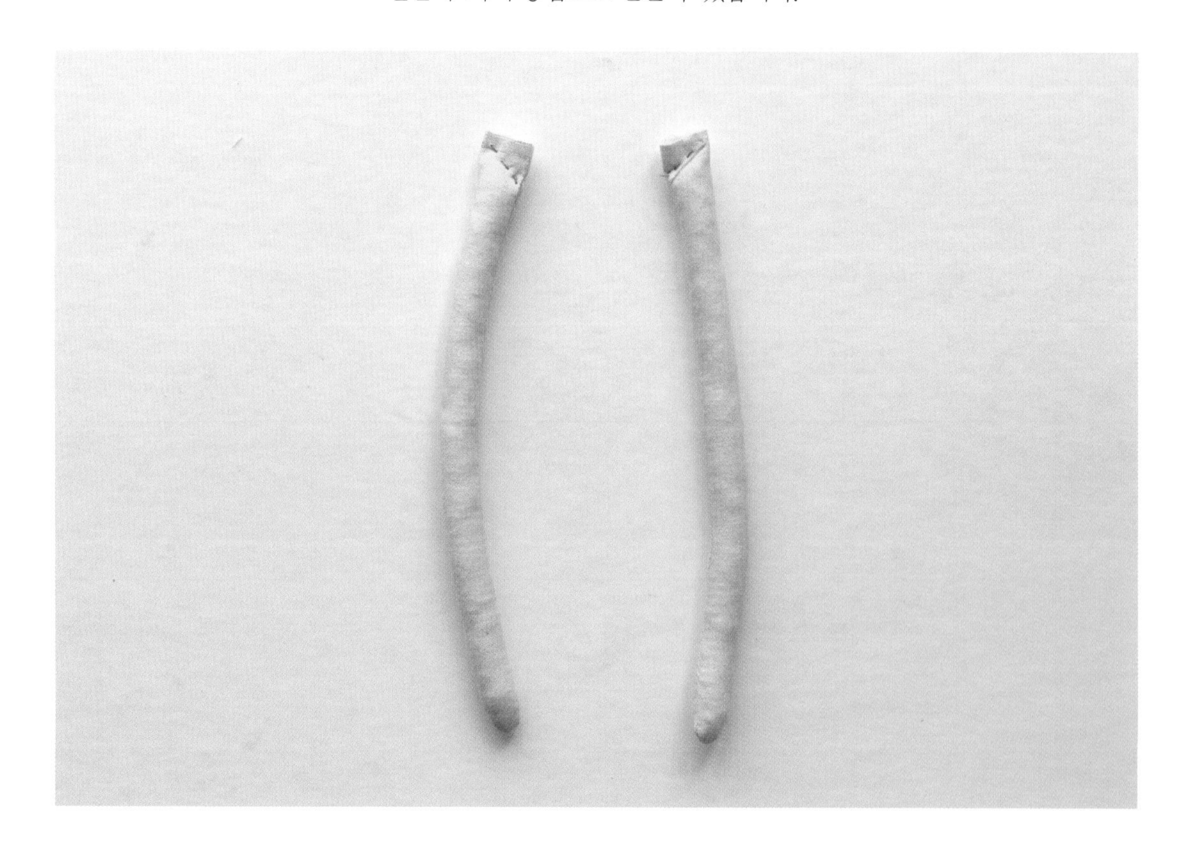

빨대 이용하기

Ready

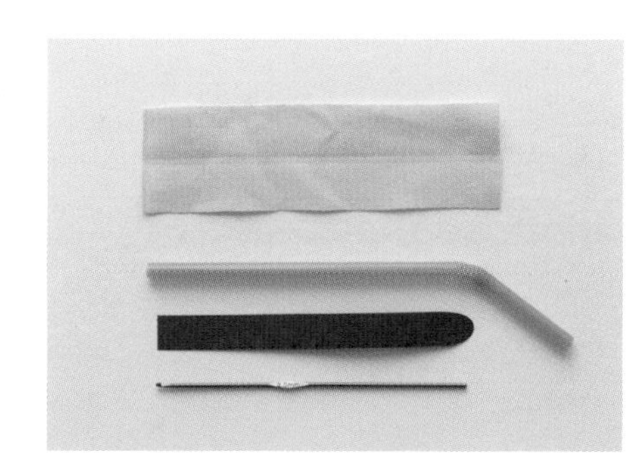

빨대　　지름 7mm 내외로 팔 길이보다 조금 더 긴 길이(본문에선 20cm 내외의 구부러지는 빨대를 사용했지만 빨대의 형태는 임의로 사용해주세요.)

코바늘　　굵기 2mm, 길이 15cm 내외(코바늘이 없을 경우 비슷한 사이즈의 힘 있는 막대를 사용해도 좋습니다. 힘이 없을 경우 밀어 넣다 구부러져 잘 뒤집어지지 않습니다.)

How to make

01　준비된 원단을 겉과 겉이 마주 보게 접은 뒤 다리미로 살짝 다려 접힌 선이 펼쳐지지 않게 준비해주세요.

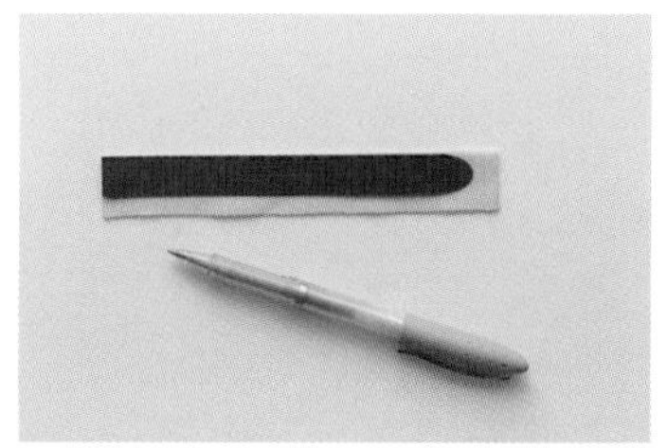

02　준비된 패턴을 원단 위에 올려놓아주세요.

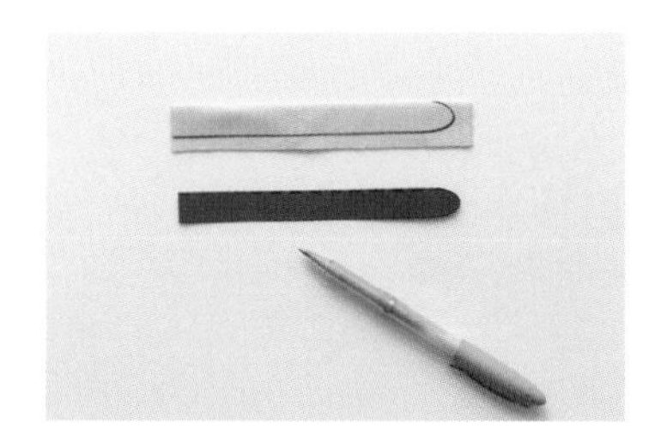

03　윗부분은 시접이 없고 아랫부분에 시접을 둔 뒤 골선을 맞추어 패턴을 옮겨 그려주세요.

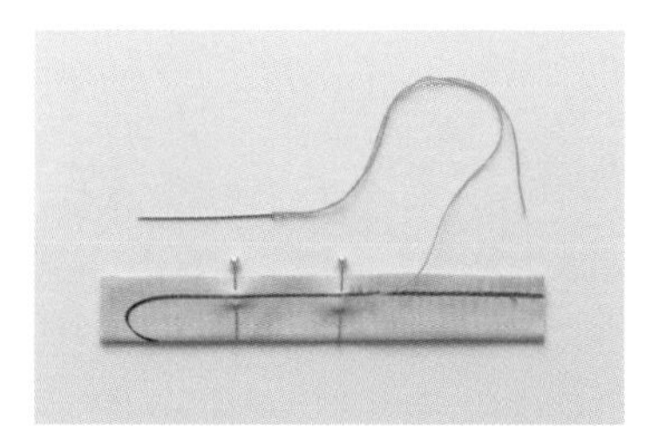

04　그려둔 선을 따라 촘촘히 바느질해주세요. 직선은 촘촘한 홈질 또는 반박음질, 팔끝 곡선은 박음질로 꿰매어주세요.

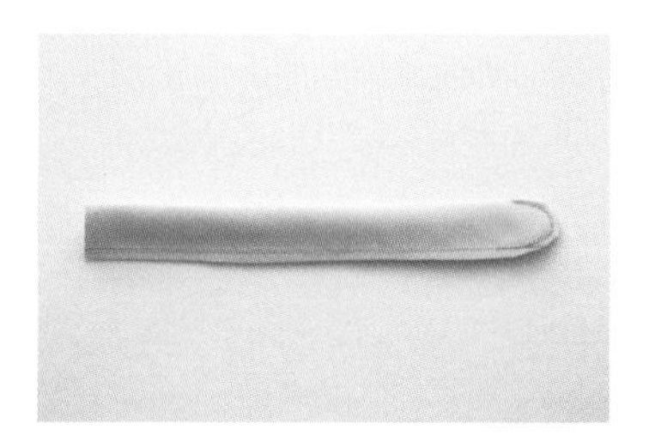

05　시접을 0.3cm 내외로 정리해주세요.

06 바느질선을 다림질해 정리해 주세요.

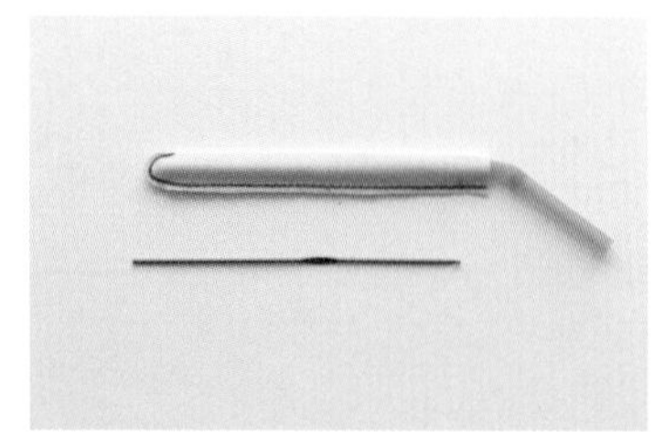

07 빨대를 꿰매둔 팔에 끼워 넣어 주세요.

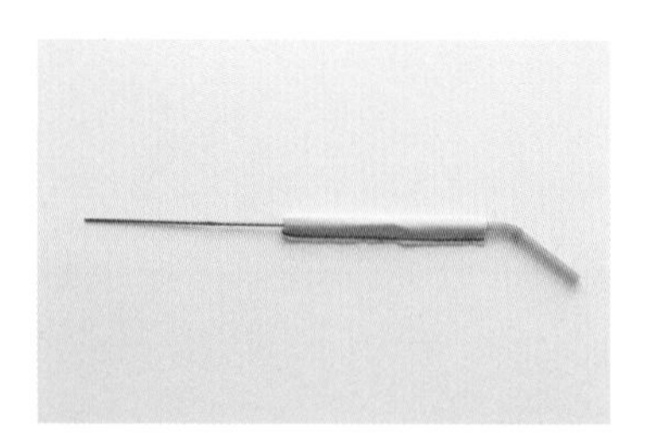

08 팔 끝부분을 코바늘을 이용하여 빨대 안쪽으로 살살 밀어 넣어주세요.

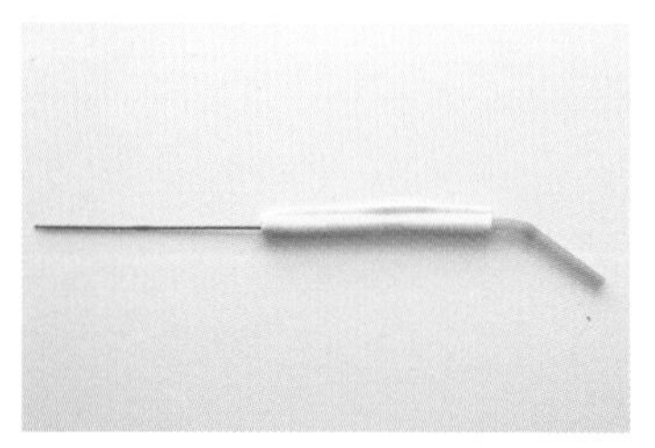

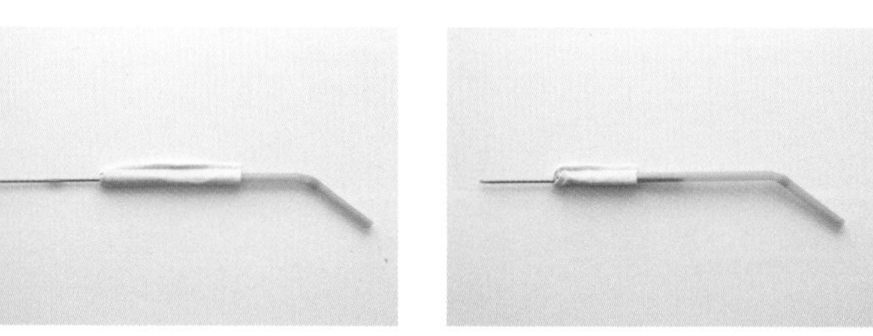

09 팔대가 꺾이지 않게 조심하면서 안으로 밀어 넣어주세요.

10 어느 정도 안으로 밀려 들어가면 빨대 안으로 원단이 보입니다.

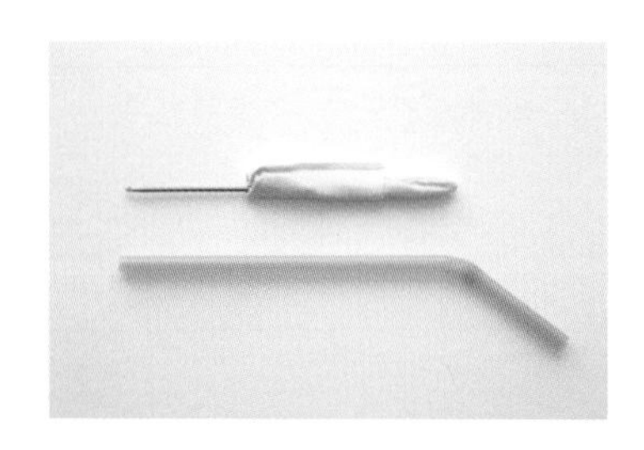

11 그때 빨대를 빼내준 뒤 손으로 살살 당겨 뒤집어주세요. 이때 세게 당기면 원단이 늘어날 수 있으니 주의해주세요.

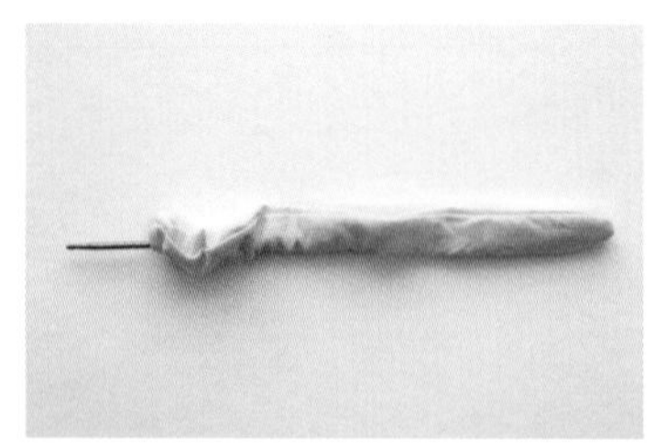

12 연필이나 코바늘을 넣어 접힌 부분을 정리해주세요.

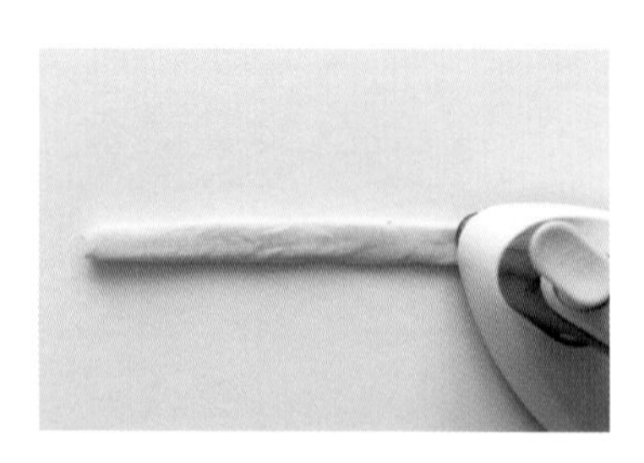

13 뒤집어지면서 구겨진 팔을 다림질해주세요.

14 골선 부분은 0.5cm 꿰매어진 부분에 1.5cm 정도의 바느질선을 표시해줍니다.

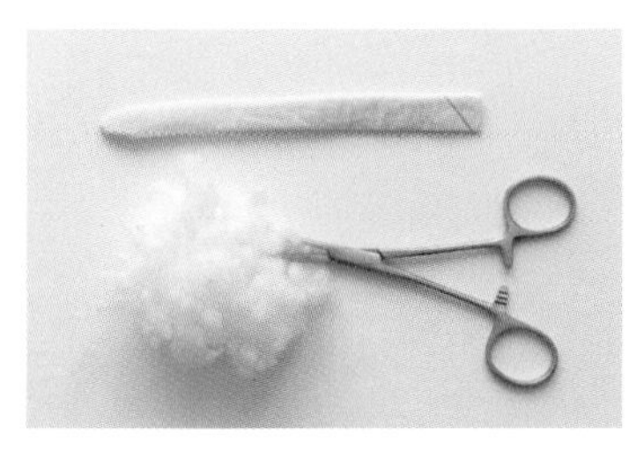

15 방울솜을 조금씩 채워줍니다. 처음부터 많이 넣게 되면 팔이 울퉁불퉁해지고 완성 후에도 뭉친 솜이 골고루 펴지지 않으며, 시접이 터질 수 있습니다.

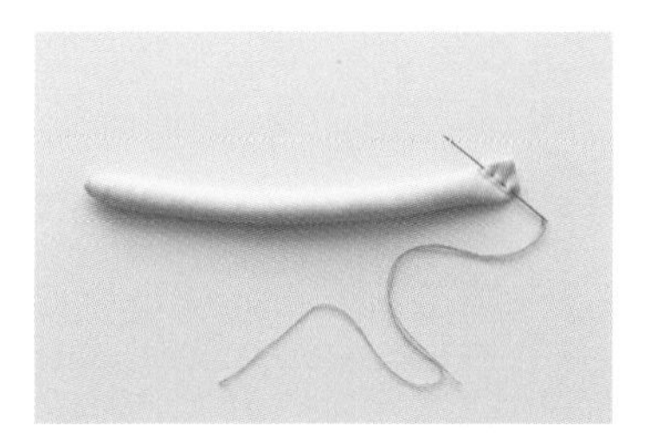

16 그려둔 바느질선보다 0.2cm 위를 시침으로 막아 솜이 빠져 나오지 않게 해주세요.

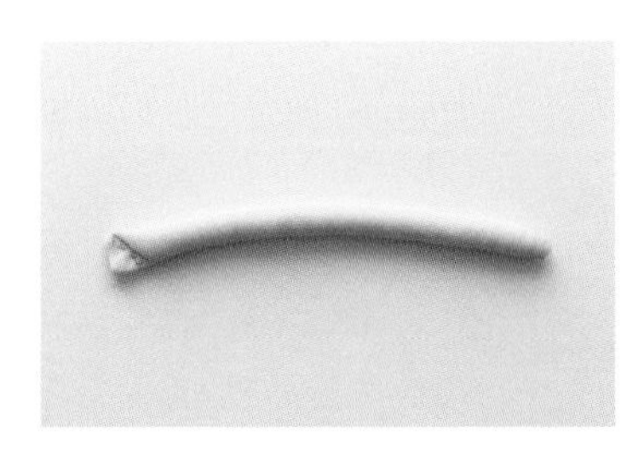

17 인형 몸체에 달기 전 살살 비벼 솜이 골고루 펴지도록 해주세요. 완성된 양팔은 대칭이 되도록 만들어 주어야 합니다.

실과 바늘 이용하기

Ready

바늘 6cm(바늘을 안으로 넣어 밀어 빼낼 때 길이가 짧을 경우 중간에 원단을 뚫고 나올 수 있으니 가능한 길이감이 있는 4cm 이상의 바늘을 사용해주세요.)

실 일반 재봉사를 사용해주세요.

익숙해지기 전까지는 두 겹의 실을 겹쳐 총 4줄로 사용하면 중간에 끊어지지 않고 뒤집기 편합니다. 견사는 장력이 약해 끊어질 수 있으니 사용하지 않습니다.

How to make

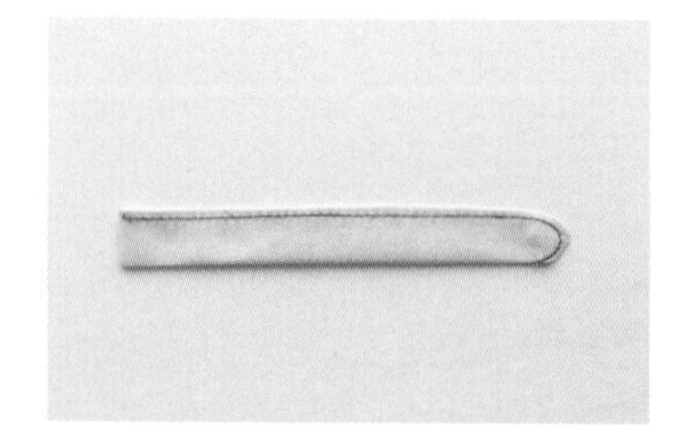

01 꿰매어둔 팔을 준비해주세요.

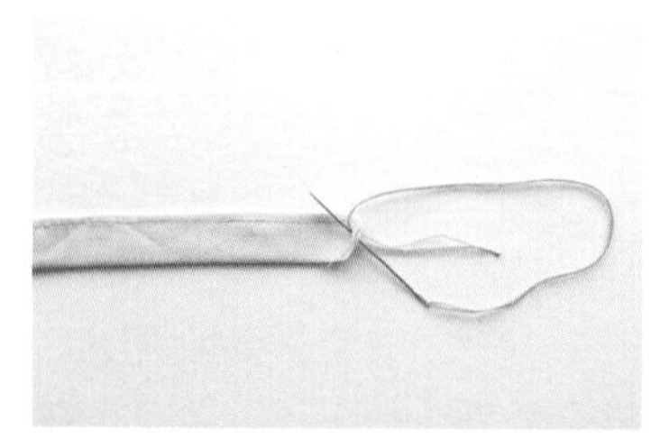

02 바느질된 선 바로 밑으로 바늘을 통과시킨 뒤 한 번 더 통과시켜 실이 빠지지 않도록 해줍니다. 바늘귀를 팔 끝부분 바느질선을 통과해 안쪽으로 넣어주세요.

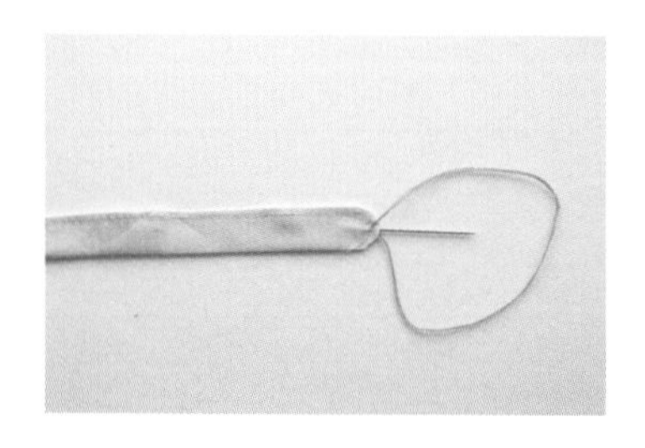

03 바늘을 살살 밀어 입구 쪽으로 빼내줍니다.

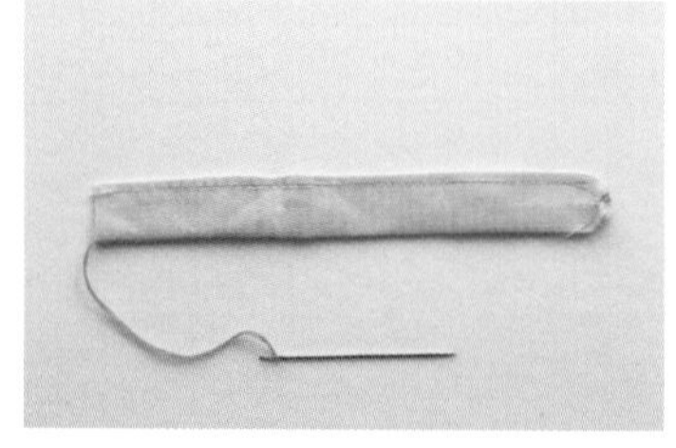

04 끝부분을 손가락으로 살살 비비면서 바늘을 당겨주면 끝부분이 안쪽으로 밀려 들어갑니다.

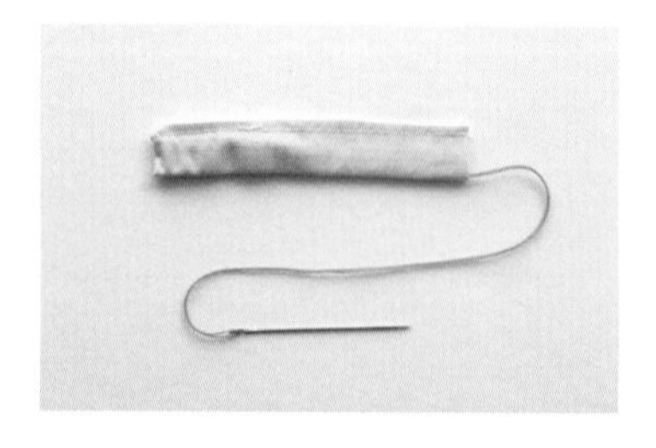

05 실이 끊어지지 않도록 주의하면서 뒤집어주세요.

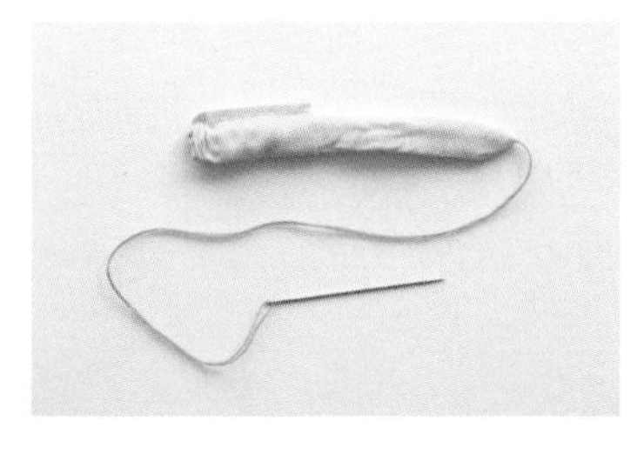

06 어느 정도 뒤집어 끝부분이 입구 밖으로 보이면 손으로 당겨 뒤집어주세요.

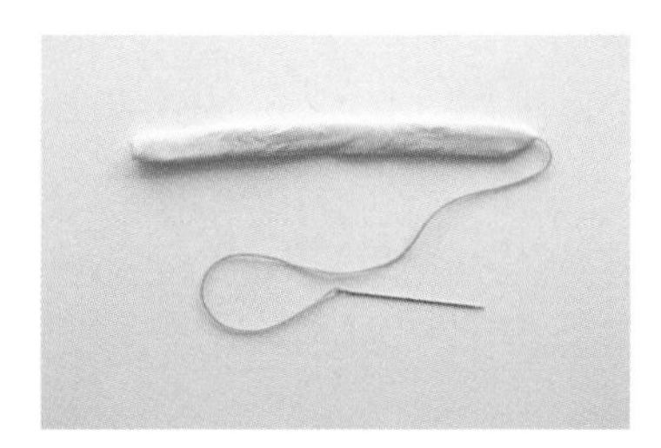

07 실을 살짝 당겨서 잘라 실이 보이지 않도록 해주세요(원단과 비슷한 컬러의 실을 사용해주세요).

몸체 만들기

How to make

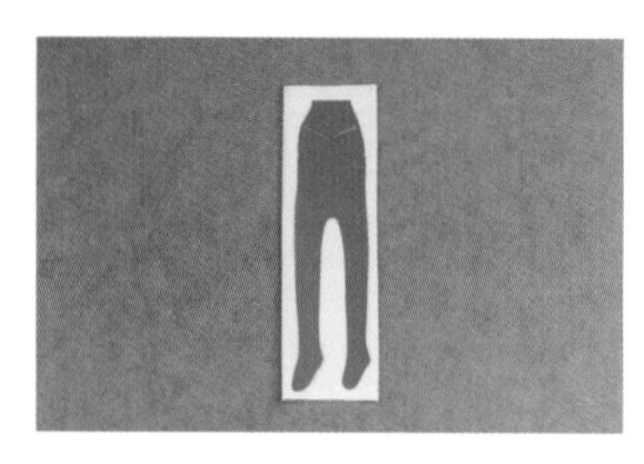

01 원단의 겉과 겉을 마주 보게 놓은 후 패턴을 준비해주세요.

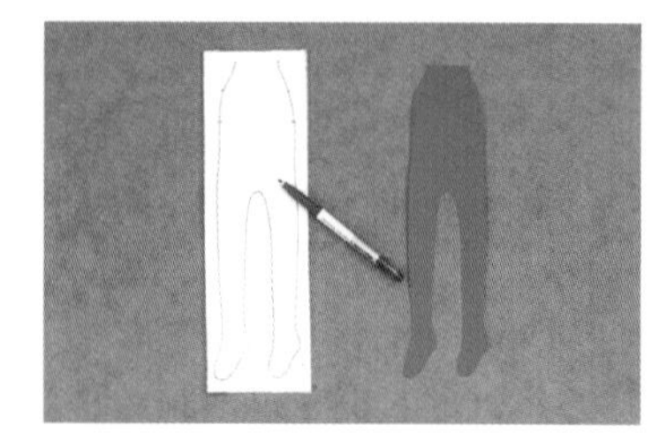

02 열펜을 이용해 패턴을 옮겨 그려주세요.

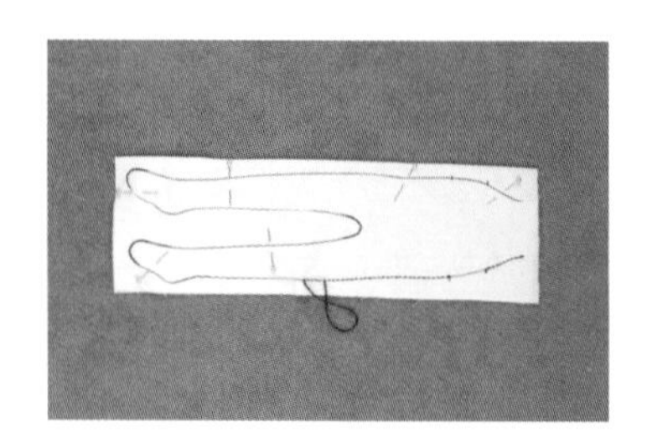

03 시침질로 고정해준 후 홈질로 꿰매어주되 발끝과 가랑이는 박음질로 꼼꼼히 꿰매어주세요. 이때 팔이 들어갈 부분과 목은 꿰매지 않습니다.

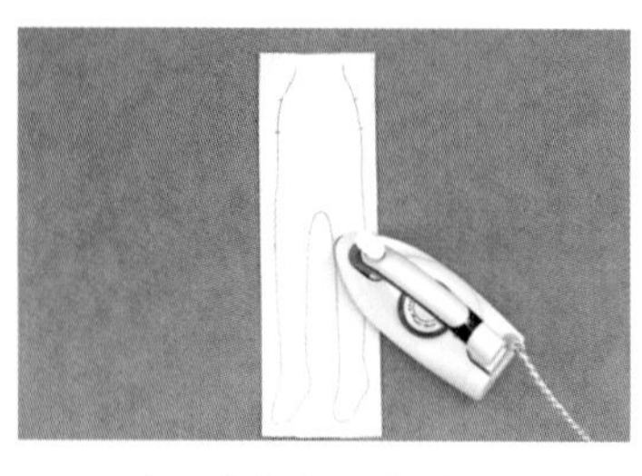

04 바느질선이 울지 않도록 다림질해주세요.

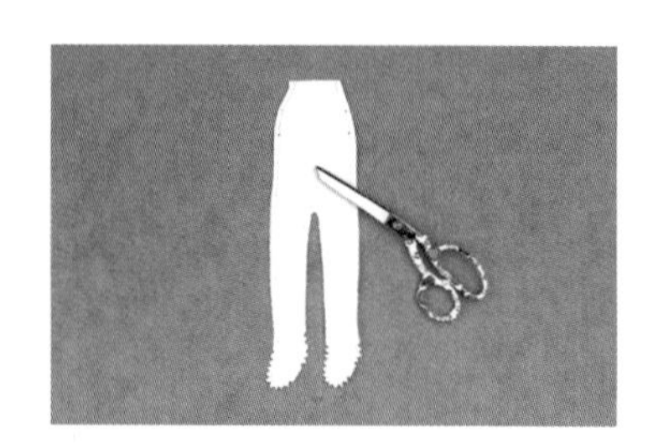

05 시접을 0.5cm 남기고 잘라준 후 발끝에 가윗밥을 넣어주세요.

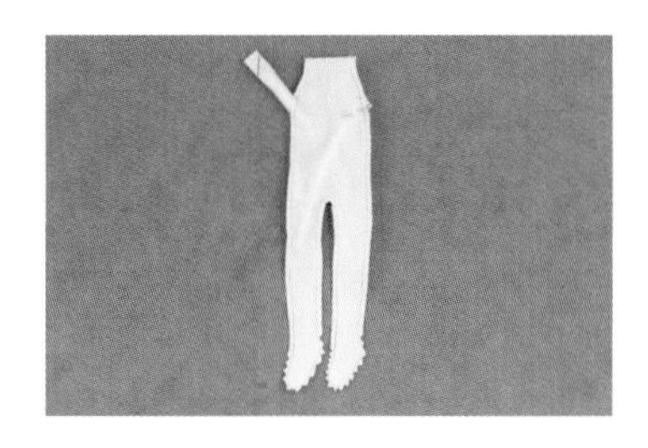

06 만들어둔 팔은 바느질선이 몸체의 측면으로 향하도록 넣어 시침핀으로 고정해주세요. X모양으로 교차해 넣어주어야 뒤집었을 때 자연스러운 팔 모양이 나옵니다. 이때 시접 라인은 사선이 됩니다.

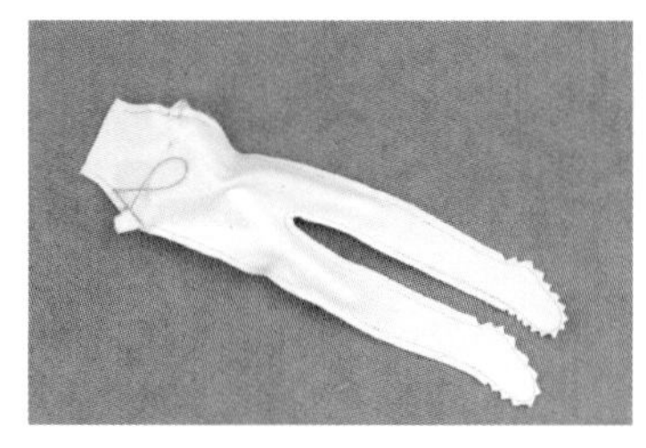

07 박음질로 튼튼하게 꿰매어줍니다.

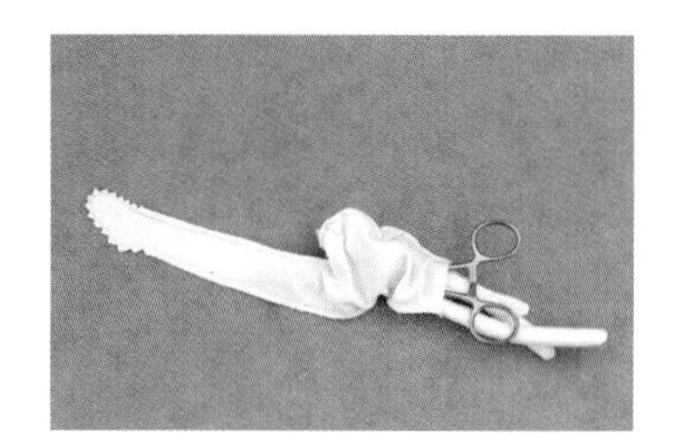

08 겸자를 이용해 뒤집어주세요. 이때 세게 당겨 발끝의 원단이 뜯어지지 않도록 주의해주세요.

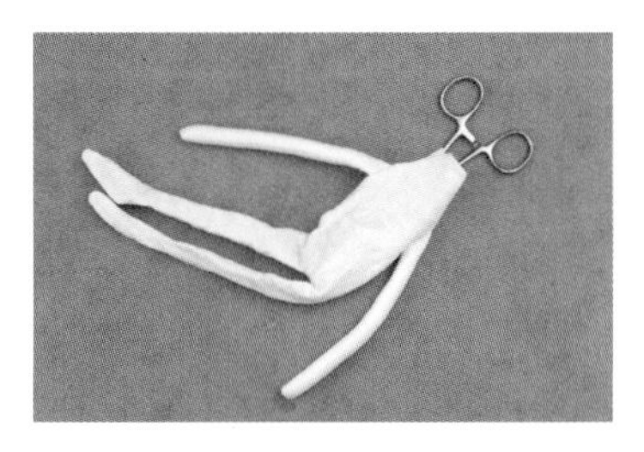

09 겸자 또는 끝이 뭉뚝한 긴 막대기를 이용하여 접힌 시접 부분을 펴줍니다.

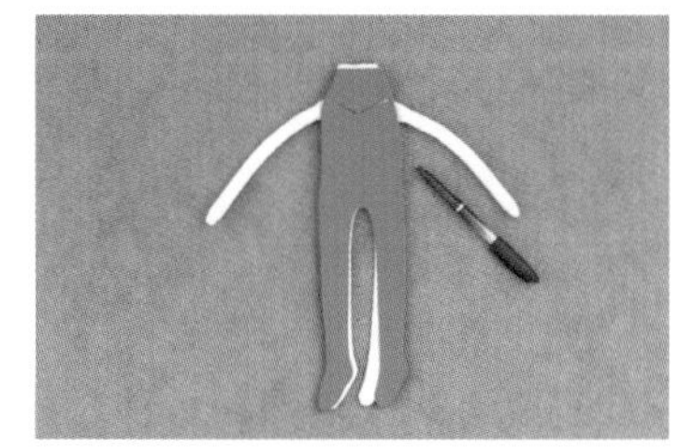

10 바느질용 펜을 이용해 목이 연결될 부분을 표시해줍니다.

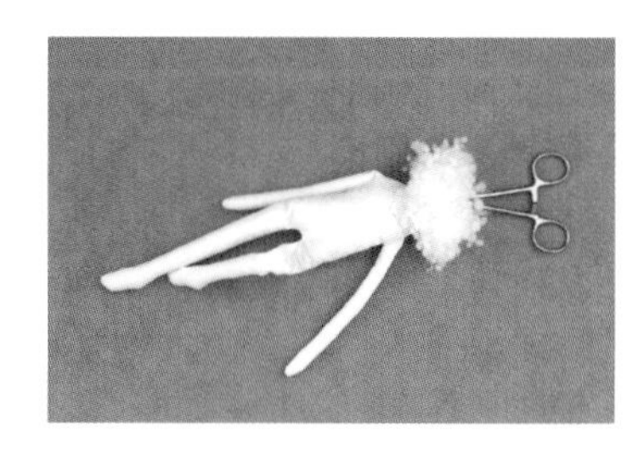

11 솜을 채워주세요.

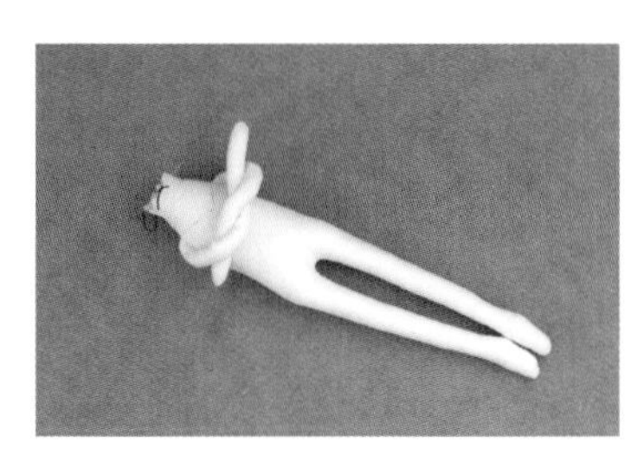

12 채운 솜이 빠지지 않고, 목을 달 때 편안하게 작업할 수 있도록 입구를 듬성듬성 시침질해주세요.

머리 만들기

How to make

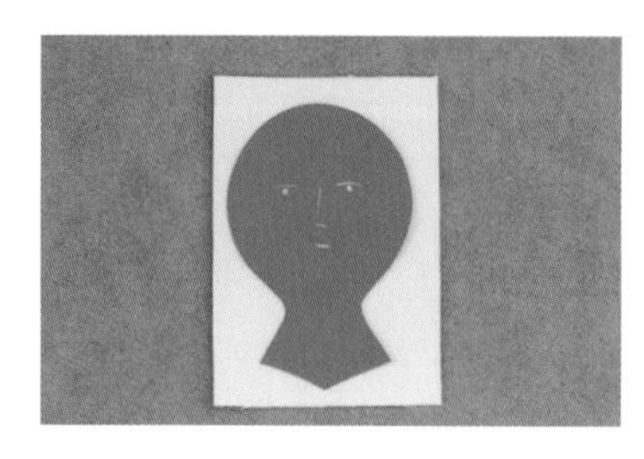

01 원단의 겉과 겉이 마주 보게 둔 후 패턴을 준비합니다.

02 바느질용 펜을 이용하여 패턴을 옮겨 그려주세요.

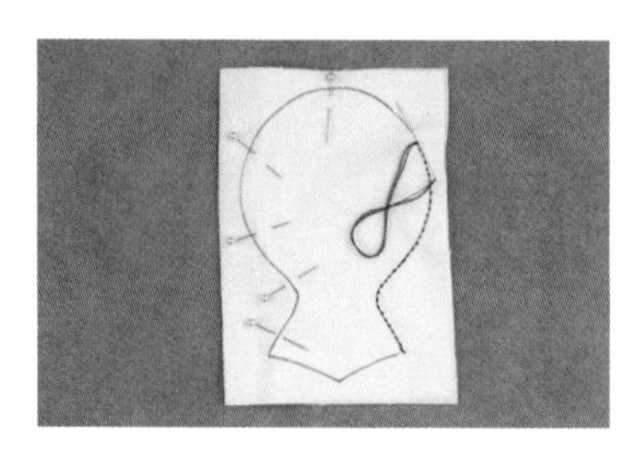

03 시침핀으로 고정한 뒤 홈질로 꼼꼼하게 바느질해주세요. 이때 10땀 중 한 번은 반박음질로 바느질선이 당겨지지 않도록 해주세요.

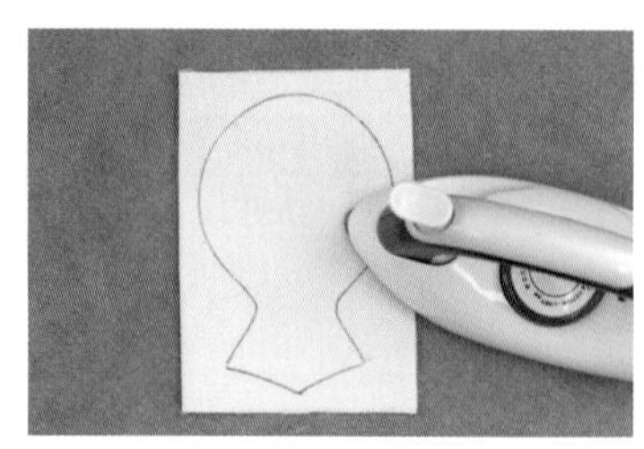

04 바느질선을 다림질해줍니다.

05 시접을 0.5cm 남겨둔 후 전체 라인을 V자로 가윗밥을 넣어줍니다. 이때 바느질선이 잘리지 않도록 주의해야 합니다. 가윗밥을 듬성듬성 넣을 경우 얼굴선이 울퉁불퉁해질 수 있으니 주의하세요.

06 목 부분 시접을 접어 시침해두세요.

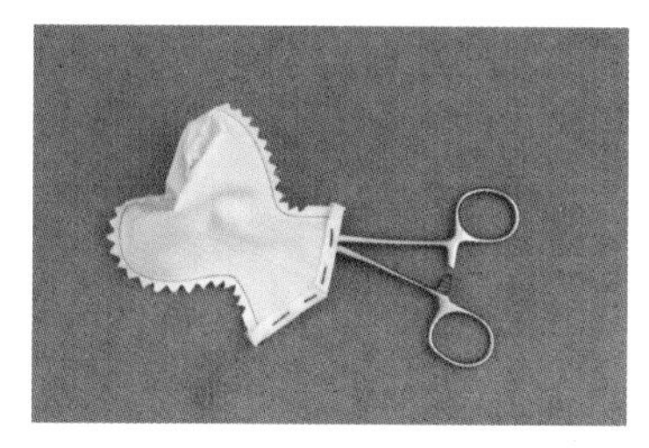

07 겸자를 이용해 뒤집어주세요.

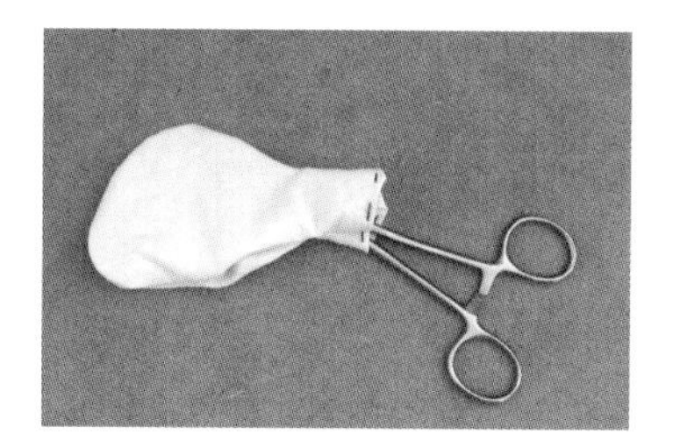

08 바느질선이 터지지 않도록 주의하며 겸자로 뒤집어지지 않은 부분을 정리해주세요.

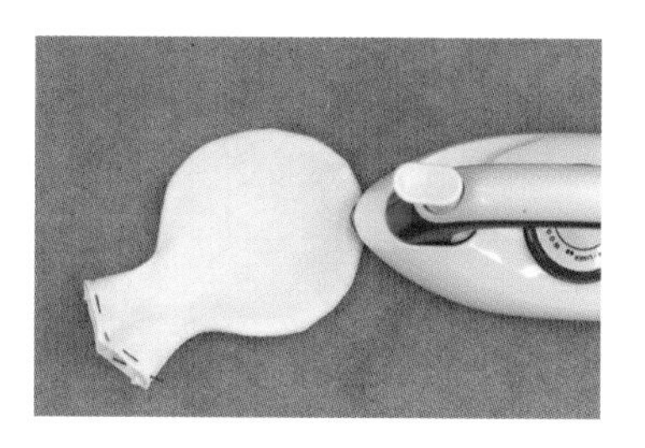

09 얼굴선을 다림질로 정리해주세요.

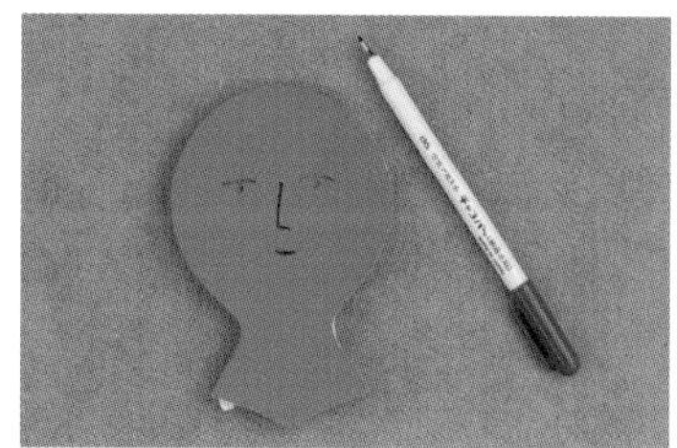

10 준비해둔 얼굴 표정을 꿰매어둔 얼굴에 올려놓은 후 표정을 그려주세요.

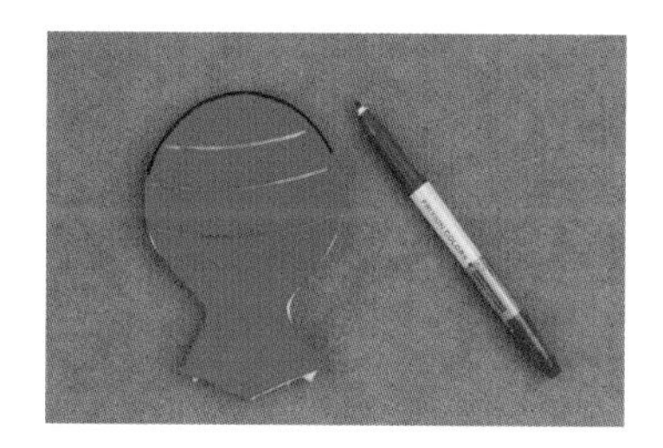

11 뒷부분은 머리카락 라인을 그려 넣어줍니다.

12 얼굴 표정은 각각의 개성에 맞게 그려주어도 좋습니다. 안내를 위해 앞과 뒤를 따로 보여준 것이니 참고해주세요.

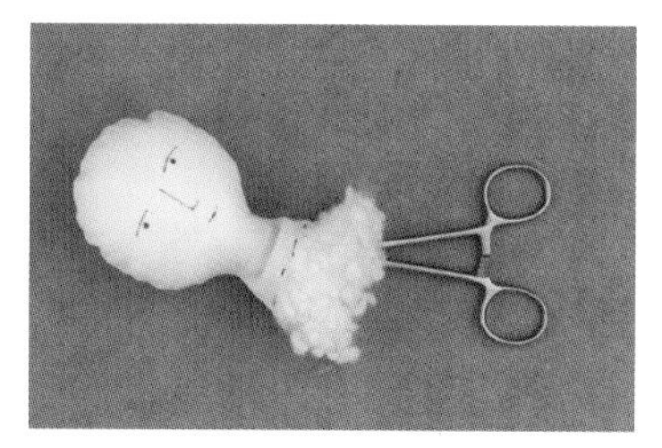

13 솜을 채워 넣어줍니다. 솜을 힘 있게 넣어주어야 머리카락을 달았을 때 버틸 수 있습니다.

14 머리를 미리 표시해둔 몸체의 목선에 시침핀으로 연결해주세요.

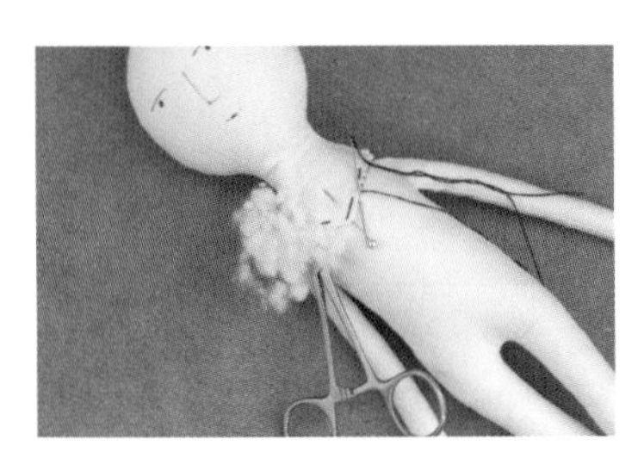

15 꿰매는 사이사이 연결 부위에 솜을 조금씩 더 채워주세요.

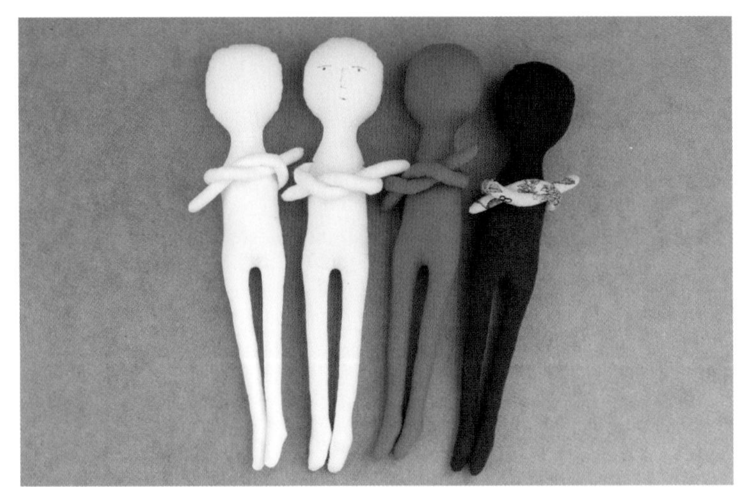

16 개성에 따라 각기 다른 피부 톤을 표현할 수 있습니다. 팔의 경우 패턴이 있는 원단을 사용해도 좋습니다.

머리카락 만들기

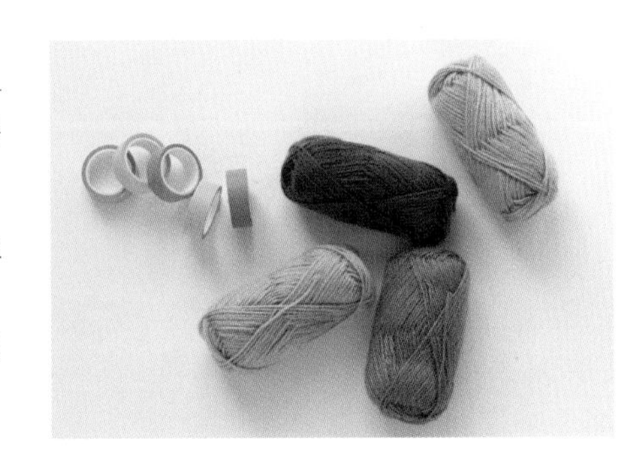

Ready

준비물　원하는 컬러의 털실을 정한 뒤 길이 60cm로 잘라 32줄 1개, 42줄 1개, 36줄 2개 등 총 4개와 여분의 털실을 준비해주세요.

- 다음 방법으로 32줄은 8cm 폭, 42줄은 10cm 폭, 36줄 2개는 9cm 폭으로 만들어주세요.
- 보기에 편하도록 예를 위해 각기 다른 컬러의 털실을 사용했지만, 실제 인형에 사용하는 털실은 원하는 컬러를 사용합니다.
- 털실의 굵기는 2가닥 코임의 다이소 울믹스 털실을 기준으로 진행했습니다.

How to make

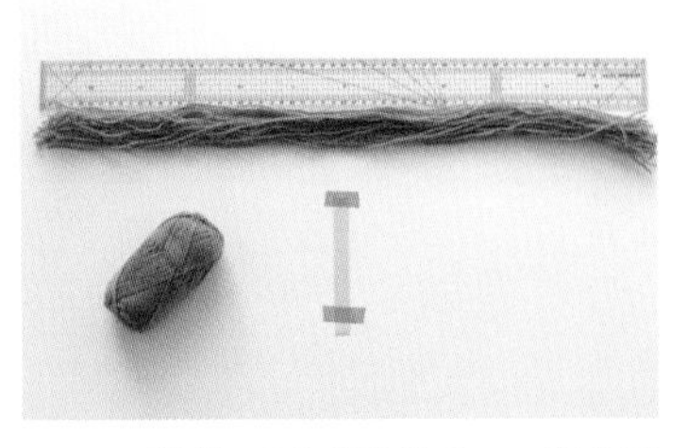

01　예시는 36가닥의 9cm 폭으로 진행됩니다. 고정된 바닥에 마스킹 테이프를 끈적이는 부분이 위로 향하게 놓은 후 9cm 간격에 맞추어 위아래를 고정해주세요.

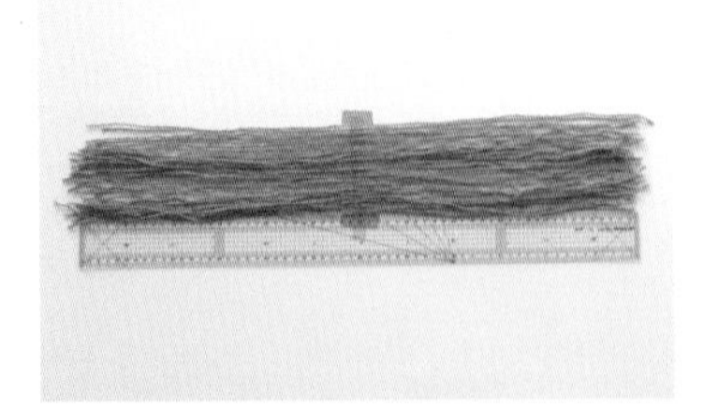

02　마스킹 테이프는 임시로 고정한 것이므로, 작업할 때 쉽게 떨어질 수 있으니 손으로 꾹꾹 눌러주세요. 풀이나 접착력이 강한 테이프를 이용할 경우 털실이 풀어지거나 완성한 후 풀 자국이 남을 수 있습니다.

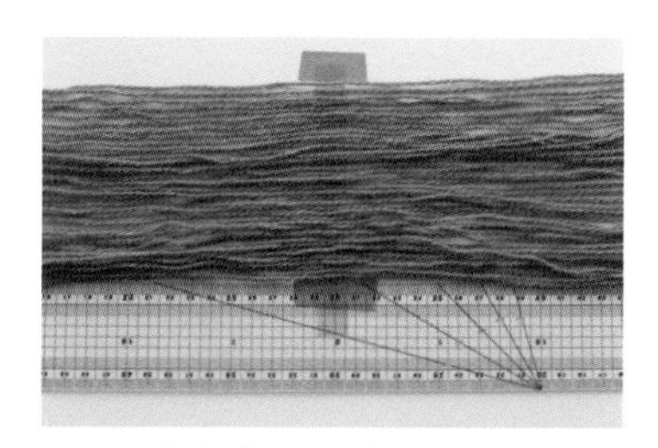

03 확대 사진을 참고해 주세요.

04 정리해둔 털실 위에 마스킹 테이프를 한 번 더 겹쳐 붙여줍니다.

05 시침핀으로 털실들이 빠지지 않게 고정한 후 꼼꼼한 박음질로 털실을 꿰매어줍니다. 이때 재봉틀을 이용할 수 있다면 중심선을 재봉틀로 박아주어도 좋습니다. 재봉틀을 사용할 때 제시된 폭이 줄어들지 않게 주의해 주세요.

06 확대 사진을 참고해주세요.

07 바느질을 듬성듬성하게 하면 털실이 중간에 빠질 수 있으니 바늘이 한 번은 털실을 통과해야 합니다.

08 다 꿰맨 후 바늘이 지나가지 않은 부분이 있으면 보완해주세요.

09 마스킹 테이프여서 털실이 일어나지는 않지만, 마스킹 테이프마다 점착력이 다르기 때문에 주의해서 떼어냅니다. 바느질선이 절취선 역할을 하므로 비교적 쉽게 뜯어집니다.

10 확대

11 마스킹 테이프를 모두 제거해 주세요.

12 마스킹 테이프를 모두 제거한 모습입니다. 오래 방치하면 재봉선이 늘어져 폭이 변할 수 있으니 바로 작업해주세요.

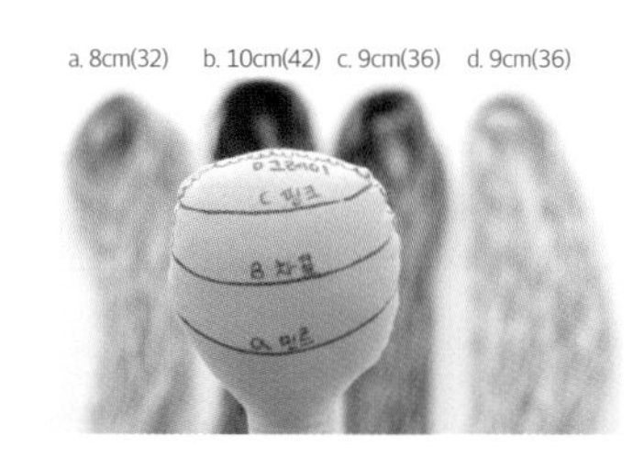

13 같은 방법으로 총 4개의 머리카락 뭉치를 완성해준 뒤 표시해준 선에 연결합니다.

14 표시 선에 맞추어 머리카락의 봉제선을 시침핀으로 고정시킵니다. 끝과 끝이 측면 봉제선까지 닿아야 합니다.

15 확대

16 털실 한 가닥에 한 땀의 반박음질로 머리카락을 머리에 꿰매어주세요. 설명을 위해 각기 머리카락과 다른 색의 실을 사용했지만, 실제 만들기에서는 머리카락 색 혹은 몸체의 색과 맞춰주어야 합니다.

17 중심선에서 대략 0.7cm 밑선에서 0.8cm 간격으로 듬성듬성 반박음질로 꿰매어주세요.

18 머리카락이 헝클어지지 않도록 위와 아래를 고정한 뒤 중심선에서 대략 0.7cm 위에서 0.8cm 간격으로 듬성듬성 반박음질로 꿰매어주세요.

19 머리카락을 아래로 잘 정돈해 준 뒤 다음 42가닥 10cm의 머리카락을 준비해주세요.

20 처음 방법처럼 머리카락을 시침핀으로 고정해주세요.

21 털실 한 가닥에 한 땀의 반박음질로 머리카락을 머리에 꿰매어 연결해주세요.

22 중심에서 대략 0.7cm 아래에서 0.8cm 간격으로 듬성듬성 반박음질로 꿰매어주세요.

23 머리카락의 위아래를 고정한 후 대략 0.7cm 위 선에서 0.8cm 간격으로 듬성듬성 반박음질로 꿰매어주세요.

24 같은 방법으로 36줄 9폭을 꿰매어 연결해주세요.

25 측면 끝과 끝 봉제선까지 시침으로 고정해주세요.

26 털실 한 가닥에 한 땀의 반박음질로 머리카락을 머리에 꿰매어주세요.

27 중심에서 대략 0.7cm 아래에서 0.5cm 간격의 반박음질로 연결해주세요. 지금부터는 머리 표면색이 털실에 가려 보이지 않도록 해주어야 합니다. 층층으로 털실이 연결되어 아래쪽은 피부색이 보이지 않지만 위쪽은 꼼꼼히 연결해주어야만 피부색이 보이지 않습니다. 그렇다고 너무 꼼꼼히 바느질하면 머리카락의 풍성한 느낌이 들지 않으니 참고해주세요.

28 머리카락의 아래쪽을 고정한 뒤 대략 0.7cm 위에서 0.4cm 간격의 반박음질로 꿰매어줍니다.

29 정수리에 해당되는 라인은 봉제선에 맞추어 연결합니다.

30 나머지 36줄 9cm 폭 털실의 중심을 머리 중심에 놓은 뒤 양쪽의 봉제선에 따라 시침핀으로 고정해주세요.

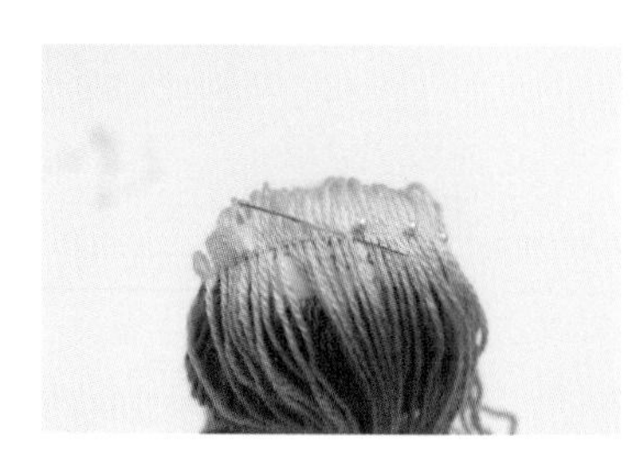

31 털실 한 가닥의 간격으로 꿰매어주는데, 이때 홈질을 해서는 안 됩니다. 완성 후 털실이 빠지거나 머리카락 선의 재봉선이 울 수 있으니 반박음질이나 감침질을 해주세요.

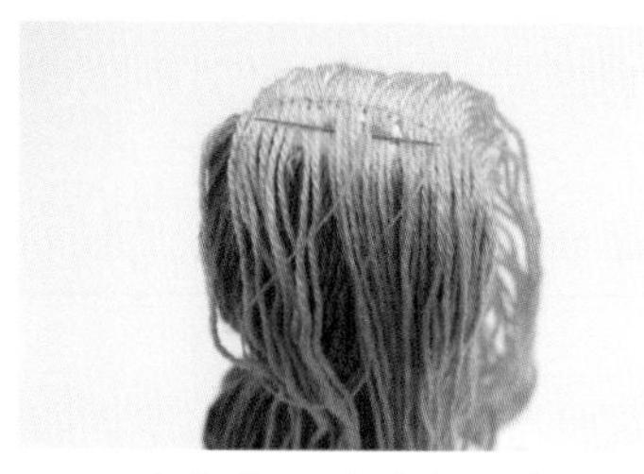

32 완성 후 표면색이 보일 수 있으니 털실이 표면을 잘 가리도록 정돈해주는 것이 중요합니다.

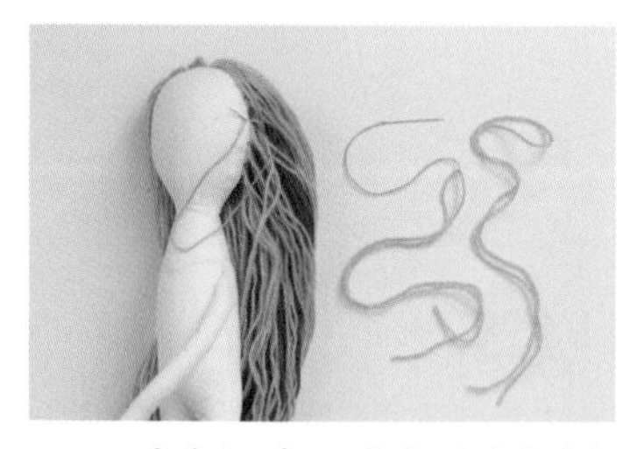

33 털실을 뒤로 넘겨 헤어라인을 정리해주세요. 이때 듬성듬성하여 거슬리는 부분은 털실을 한 가닥 또는 두 가닥씩 실에 연결하여 부분적으로 메워줍니다.

34 앞머리용으로 8~10가닥의 털실을 50cm 길이로 준비해둡니다.

35 중심선을 꿰매어 연결해줍니다.

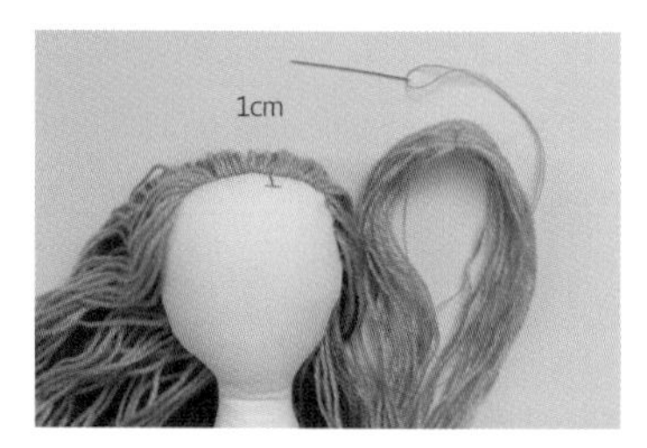

36 머리의 재봉선에서 앞으로 1cm 나온 지점을 시작으로 준비해둔 앞머리를 바느질로 꿰매어줍니다.

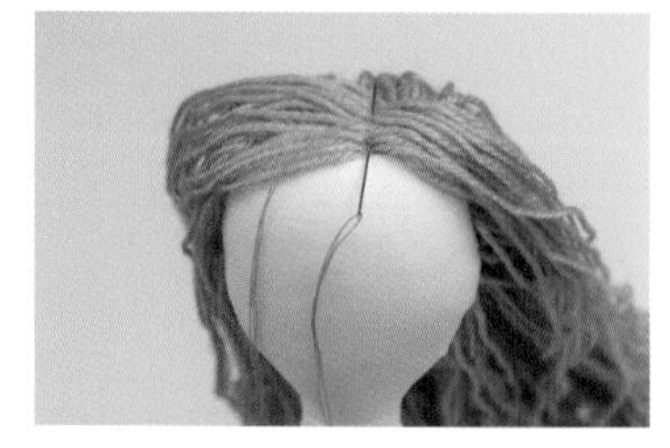

37 앞머리가 중심의 뒤로 지나가도록 하여 가르마를 만들어줍니다.

38 털실로 머리 표면을 꽉 채우면 무거워져 머리를 가누기 어렵습니다. 측면 부분의 표면이 보일 수 있으므로 옆쪽의 머리카락으로 가려줍니다. 얼굴 중심선에서 아래쪽 1cm 라인의 머리카락 9가닥을 3등분하여 땋아줍니다.

39 땋아준 머리카락을 뒤쪽에서 연결해 레이스 또는 리본으로 묶어줍니다.

40 들쭉날쭉한 머리카락 밑선을 정리해줍니다.

41 표면색이 보이는 곳은 듬성듬성한 바느질로 털실을 표면에 연결해 가려줍니다. 이때 실을 너무 당기면 털실이 머리에 붙어 입체감이 없어질 수 있으니 주의해주세요.

42 얼굴 표정을 그려줍니다. 패턴에 그려진 얼굴 표정을 사용해도 좋지만, 각자의 개성에 맞는 얼굴 표정을 그려주세요.

43 스티치로 표정 라인을 수놓아주세요(p.46 인형 몸에 바늘 통과시키기 참고).

44 같은 패턴을 이용해 만들어도 사용된 색상과 스티치의 강약에 따라 다른 표정이 만들어집니다.

◊◊◊ *Part 2* ◊◊◊

야매의
의상과
소품 만들기

팬티

Ready

준비물 폭 24cm, 길이 12cm 거즈면 또는 40수 면 1장
29cm 고무줄 레이스
패턴(시접 0.5cm 포함)

기본 도구 실, 바늘, 가위, 패브릭 펜, 시침핀

실물 도안(p.226)

How to make

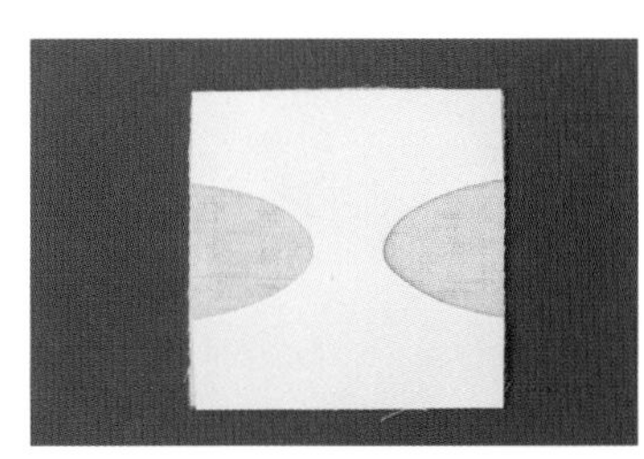

01 원단을 겉과 겉이 마주 보도록 패턴을 준비해주세요. 본문에는 소창을 사용했지만, 바느질이 어려울 수 있으니 면(40수)을 사용해도 좋습니다.

02 패턴을 옮겨 그려주세요.

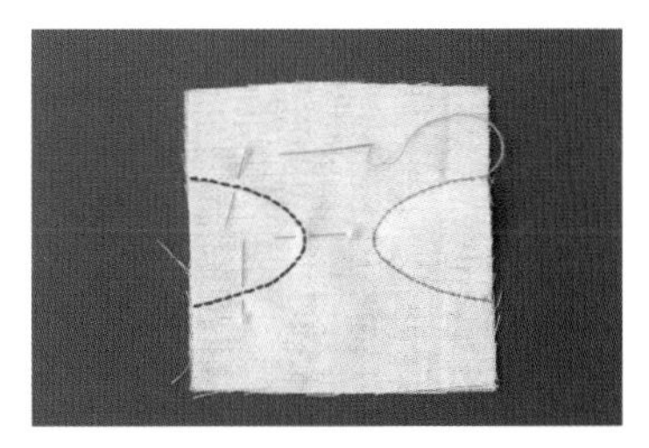

03 다리 선을 촘촘히 꿰매주세요.

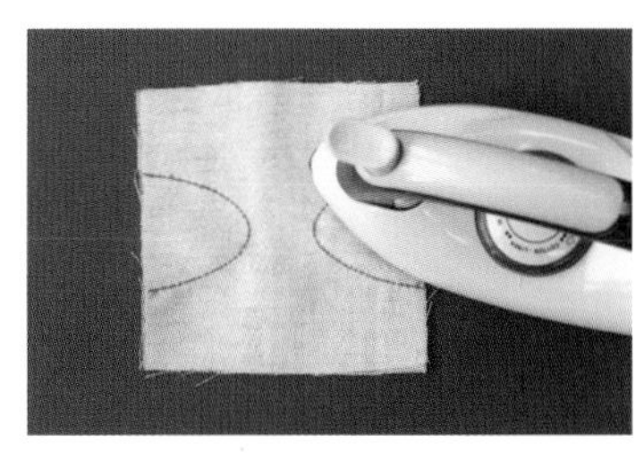

04 바느질선을 다림질해주세요.

05 바느질 한 다리선을 시접 0.5cm를 남기고 잘라주세요.

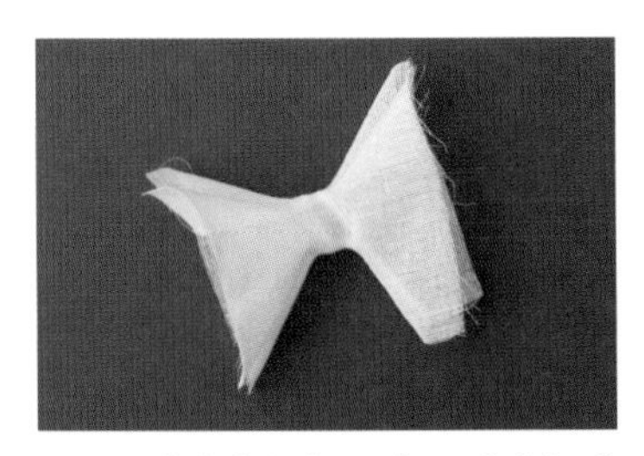

06 뒤집어주세요. 얇은 원단을 사용할 경우 늘어나지 않도록 주의해주세요.

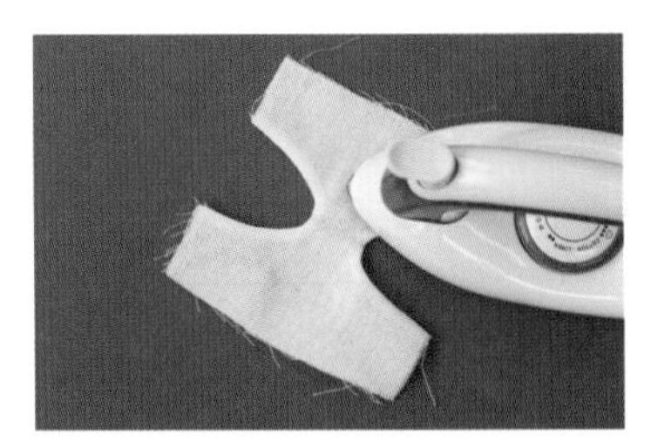

07 다리선이 겹치지 않도록 주의해서 다림질해주세요. 다리미 끝으로 꾹꾹 누르듯 다려주세요.

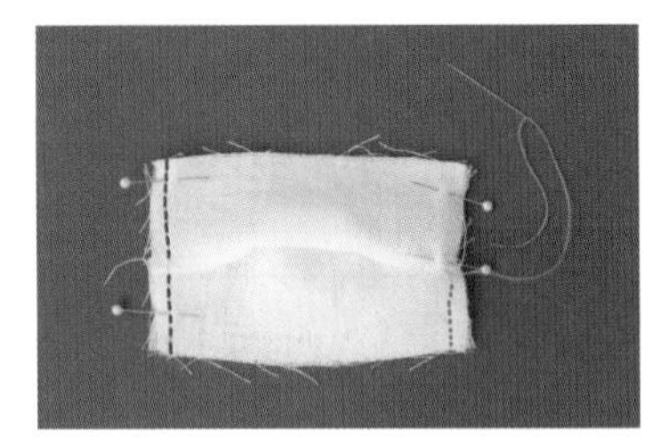

08 다림질한 옆선을 펼쳐 겉은 겉과 안은 안과 옆선을 겹친 뒤 촘촘하게 꿰매어주세요.

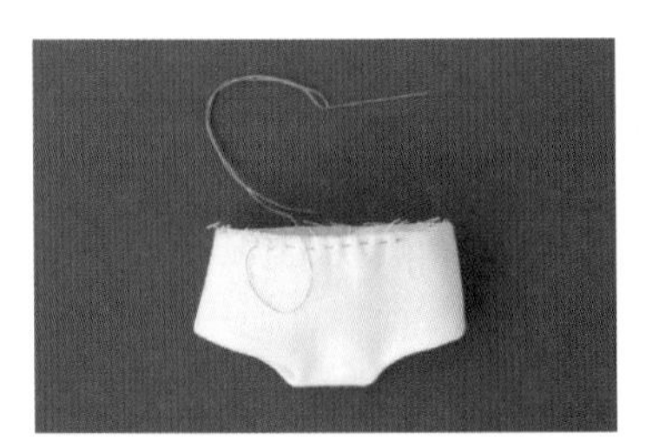

09 허리선을 시침질로 임시 고정해주세요.

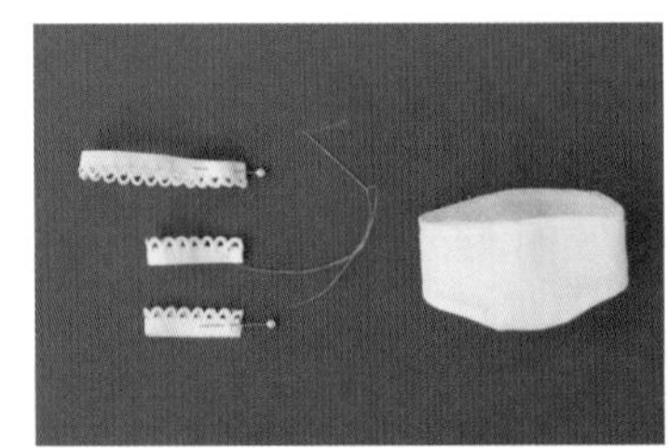

10 고무줄 레이스를 13cm 길이로 1개, 8cm 길이로 2개를 잘라 연결해두세요.

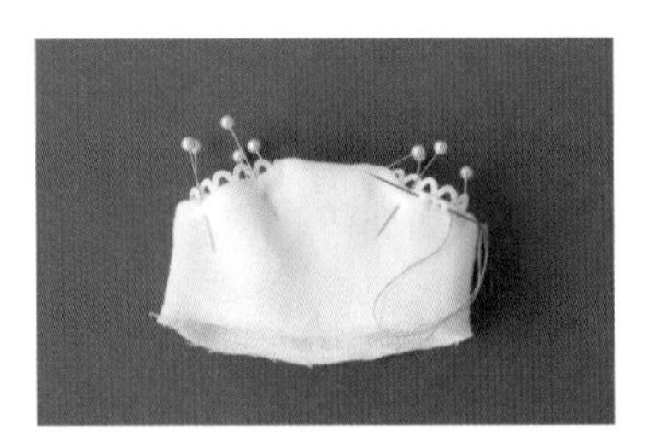

11 연결해둔 고무줄 레이스 중 8cm 길이 2개를 다리선에 연결해주세요. 시침핀으로 촘촘히 고정한 뒤 손가락에 걸어 고무줄을 벌려 꿰매주세요.

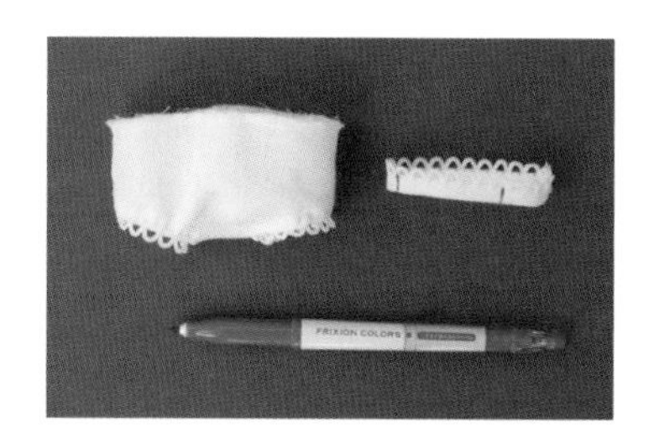

12 허리에 연결될 13cm 길이의 고무줄 레이스에 4등분한 선을 표시해주세요.

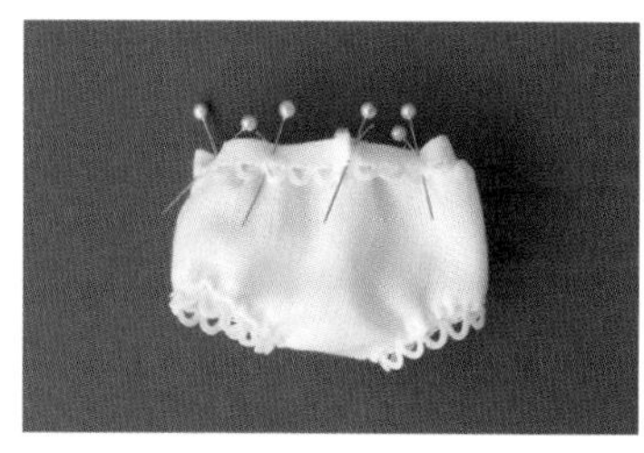

13 고무줄 레이스의 겉과 팬티의 겉이 마주 보게 한 뒤 허리선에 연결해주세요. 고무줄 레이스의 동그란 모양이 아래를 향하게 해줍니다. 이때 시침핀을 촘촘히 꽂아주면 고무줄 레이스를 늘려가며 바느질하기 수월합니다(4등분 선에 맞추어 허리 둘레를 나눕니다).

14 시접 0.5cm 선을 박음질로 촘촘히 꿰매어주세요.

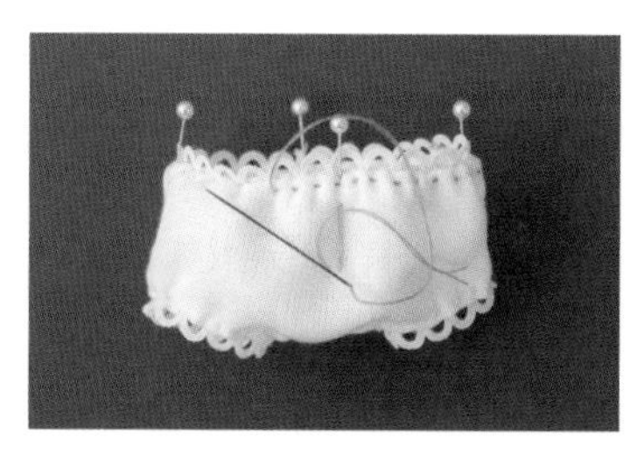

15 연결한 고무줄 레이스를 위로 향하게 접어 시접이 움직이지 않도록 홈질로 고정해주세요.

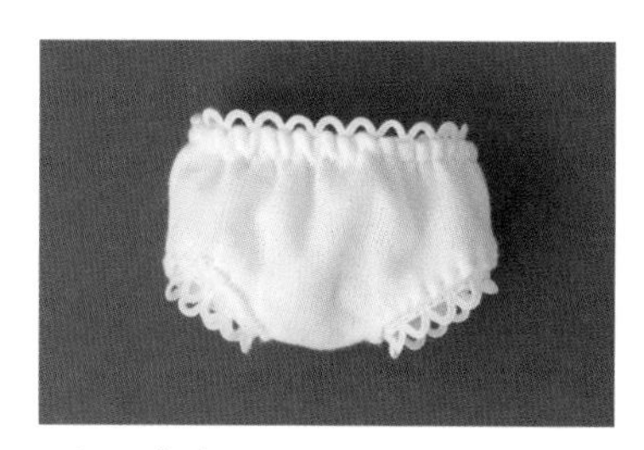

16 완성

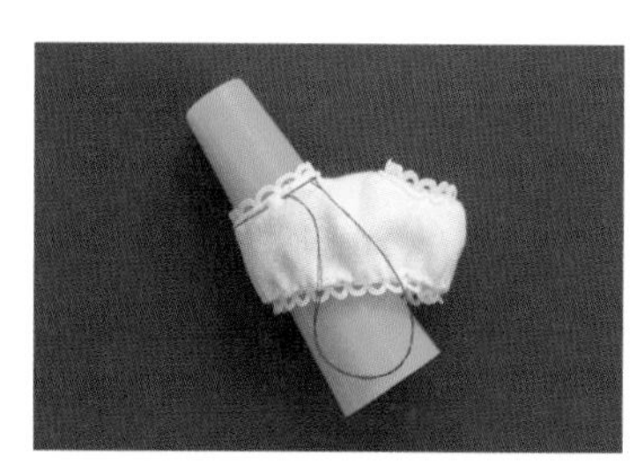

TIP_ 다리선의 고무줄 레이스를 꿰맬 때 다 쓴 재봉사 심이 있다면 활용해보세요. 양이 많은 재봉사의 플라스틱 심은 가로로 골이 파여 있어 일정하게 바느질이 가능합니다. 바늘로 살짝 긁는 느낌으로 지나가면 힘들이지 않고 레이스를 꿰맬 수 있습니다.

브라렛

Ready

준비물 폭 24cm, 길이 6cm 거즈면 또는 40수 면 1장
폭 2cm, 길이 24cm 고무줄 레이스
패턴(시접 0.5cm 포함)

기본 도구 실, 바늘, 가위, 패브릭 펜, 시침핀

실물 도안(p.226)

How to make

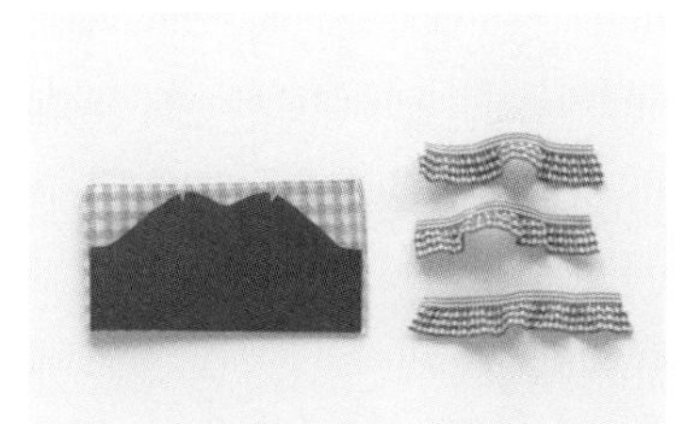

01 원단과 패턴을 준비해주세요. 고무줄 레이스를 8cm 길이로 잘라 3개를 준비해주세요.

02 원단의 겉과 겉을 마주 보게 놓은 뒤 패턴을 옮겨 그려주세요.

03 시접이 포함된 패턴입니다. 그려준 선을 따라 잘라주세요.

04 패턴에 표시된 어깨선에 맞추어 고무줄 레이스를 임시로 고정해주세요. 프릴이 바깥쪽을 향하도록 연결해둡니다.

05 원단을 겹쳐 촘촘히 꿰매줍니다.

06 가슴 윗선에 가윗밥을 넣어주세요. 거즈면의 경우 무리하게 가윗밥을 넣어주면 봉제선이 풀어질 수 있으니 주의해주세요.

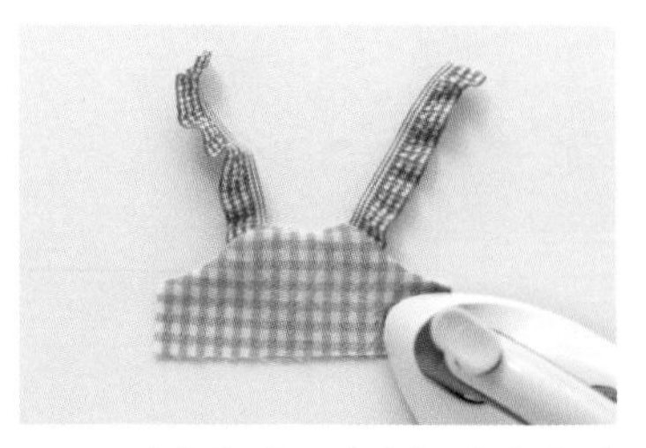

07 뒤집어 바느질선을 다듬어 다림질해주세요.

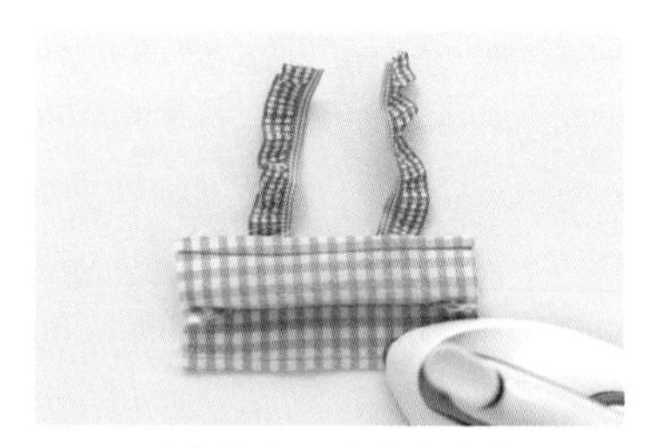

08 겉면과 안쪽 면 밑단 시접 0.5cm를 다림질해둡니다.

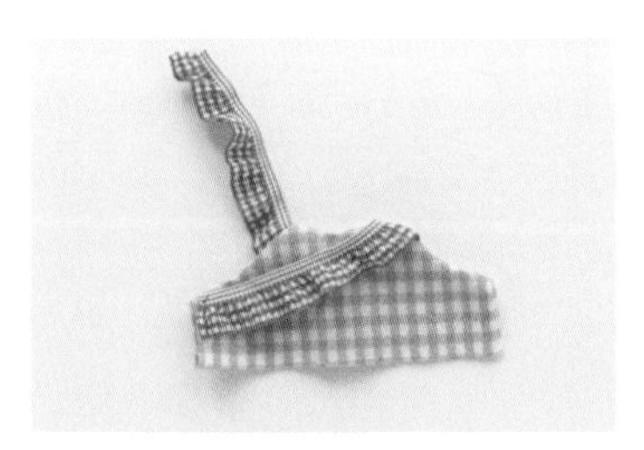

09 고무줄 레이스를 반대쪽 옆선에 임시로 고정해주세요.

10 X자로 교차되도록 고정해주어야 합니다.

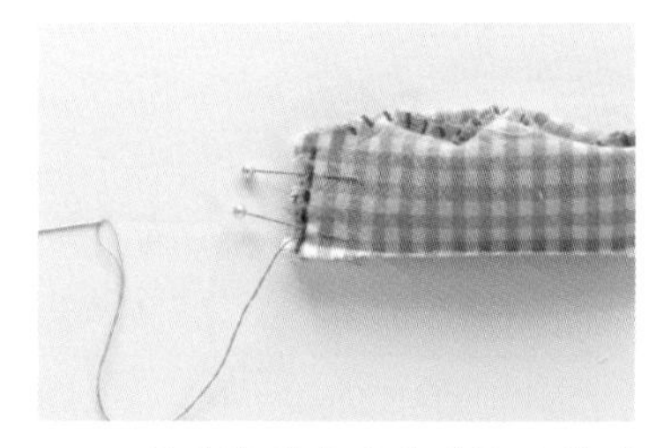

11 원단의 겉과 겉이 마주 보게 다시 겹쳐 옆선을 촘촘히 꿰매주세요.

12 꿰맨 옆선을 다림질해주세요.

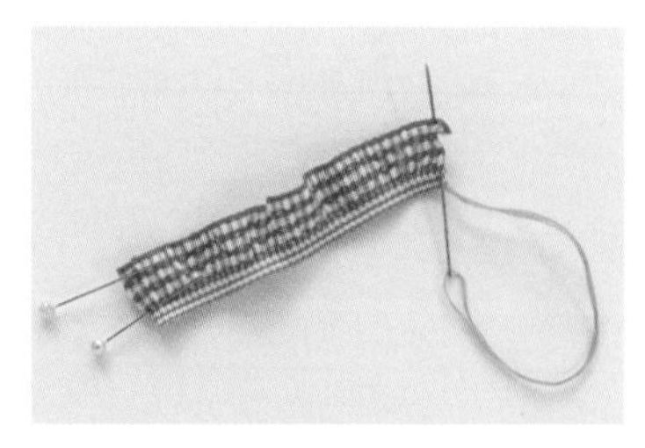

13 고무줄 레이스 끝부분의 올이 풀리지 않도록 한 번 접어 촘촘하게 꿰매어주세요.

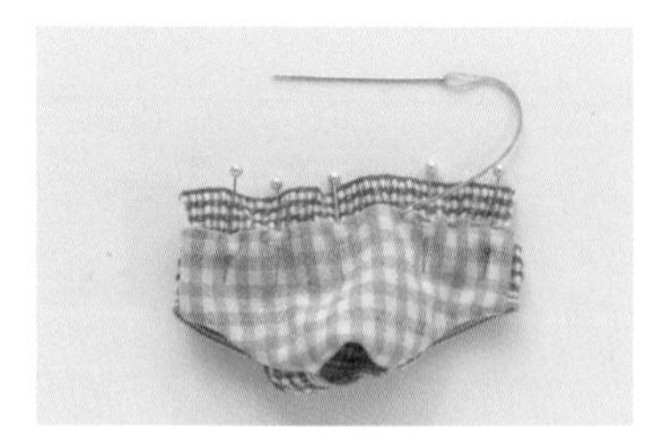

14 다려준 시접이 안쪽으로 들어가도록 정리한 뒤 원단의 겉과 안 사이에 고무줄 레이스를 끼워 넣어 꿰매어주세요. 바느질선이 듬성듬성하면 원단과 고무줄 레이스 사이에 빈 공간이 생길 수 있으니 촘촘히 꿰매줍니다.

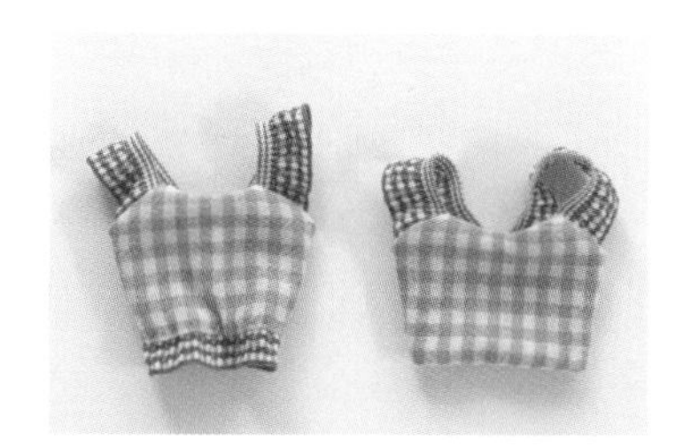

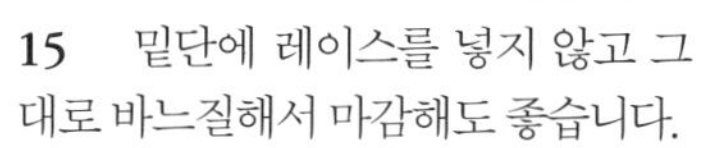

15 밑단에 레이스를 넣지 않고 그대로 바느질해서 마감해도 좋습니다.

16 완성

속바지

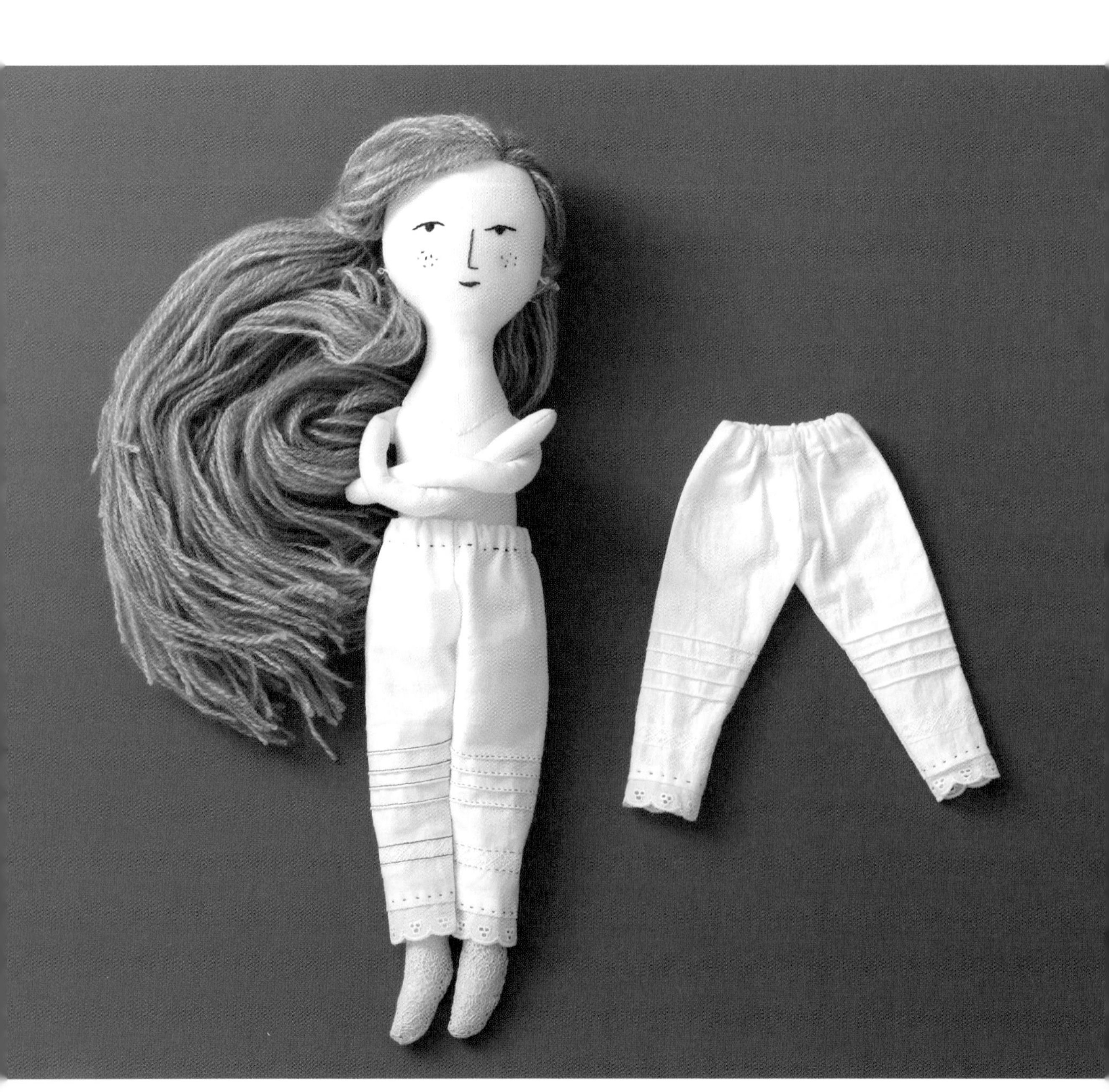

Ready

준비물 폭 35cm, 길이 20.5cm 40수 또는 60수 면 1장
20cm 토션 레이스
20cm 밑단용 레이스
15cm 허리용 고무줄
옷핀 또는 고무줄 끼우개
패턴(시접 0.5cm 포함)

기본 도구 실, 바늘, 가위, 패브릭 펜, 시침핀

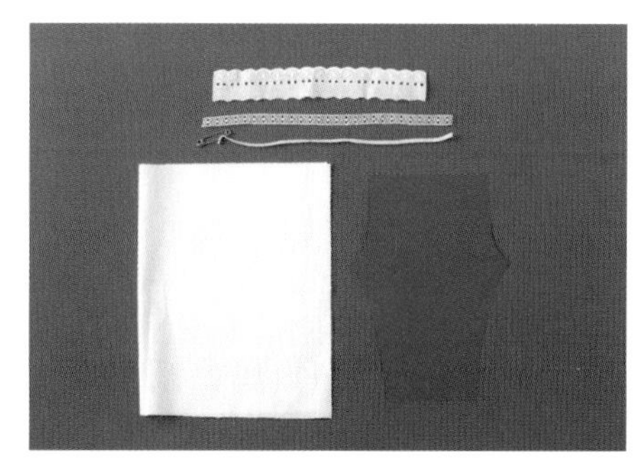

실물 도안(p.227)

How to make

01 원단의 겉과 겉을 마주 보게 접어 준비해주세요.

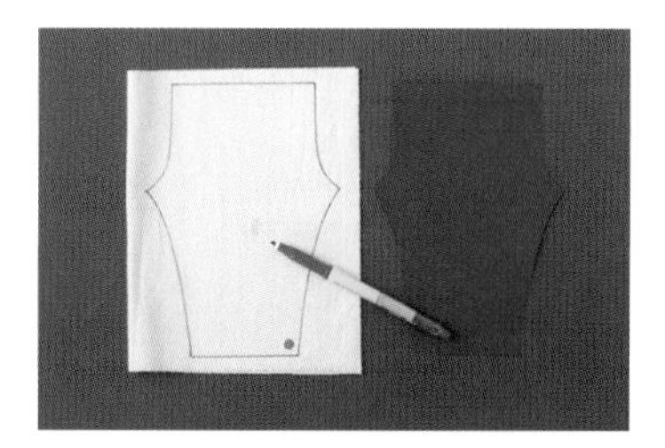

02 패턴을 옮겨 그려주세요. 안과 겉의 구분이 어려울 경우 안쪽 면에 표시해주세요.

03 시접이 포함된 패턴이므로 표시선에 맞추어 잘라주세요.

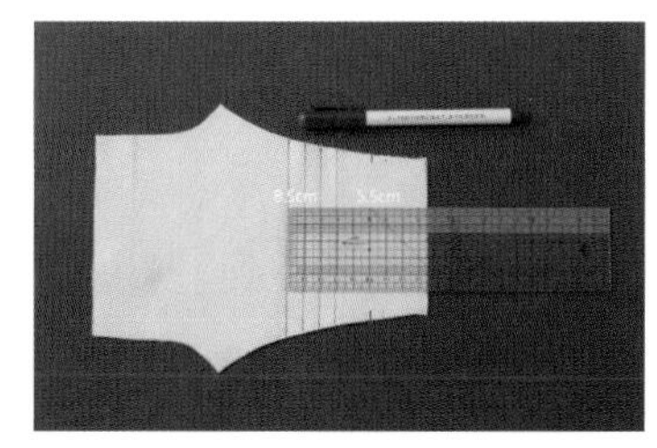

04 겉면의 밑단에서 8.5cm 선부터 1cm 간격으로 4줄을 표시해주고, 5.5cm 선은 한 번 표시해주세요. 이때 기화펜을 이용해주세요. 겉면에 그리기 때문에 열펜은 흰 선이 남을 수 있고, 수성펜은 얼룩이 생길 수 있습니다.

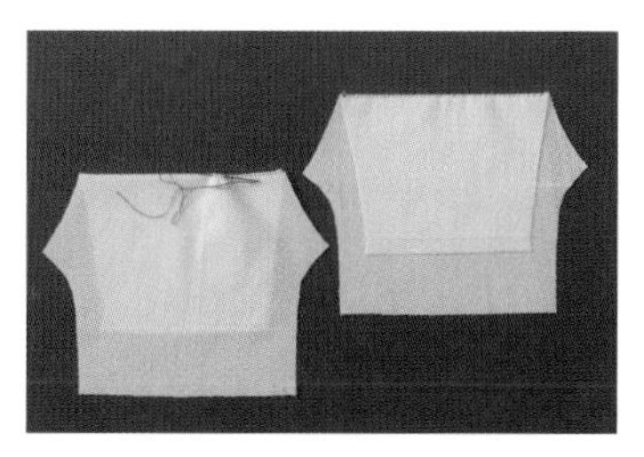

05 8.5cm에서 시작된 4줄은 안과 안이 마주 보게 접은 후 0.1cm 선을 촘촘히 꿰매줍니다.

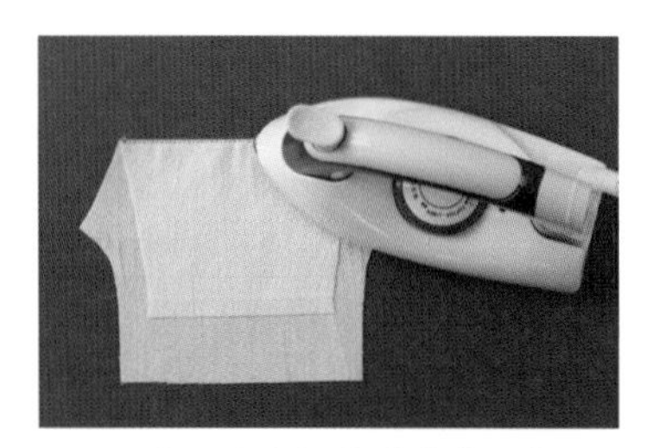

06　바느질선을 다림질해주세요.

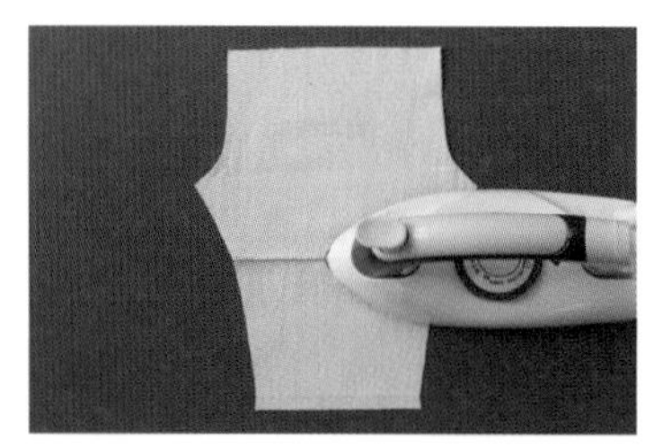

07　바느질감을 펼쳐 접힌 선이 아래로 향하게 한 후 다림질해주세요. 5~7번 과정을 반복하여 총 4줄이 나오며 이때 바느질선이 밖으로 노출됩니다(핀턱 주름).

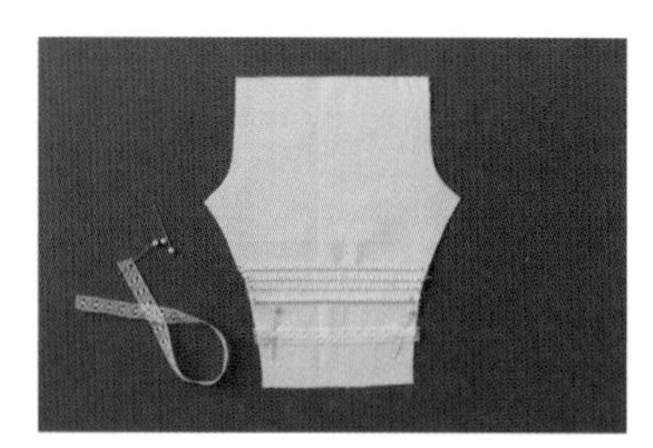

08　밑단에서 5.5cm 선에 토션 레이스를 고정하여 바느질해주세요.

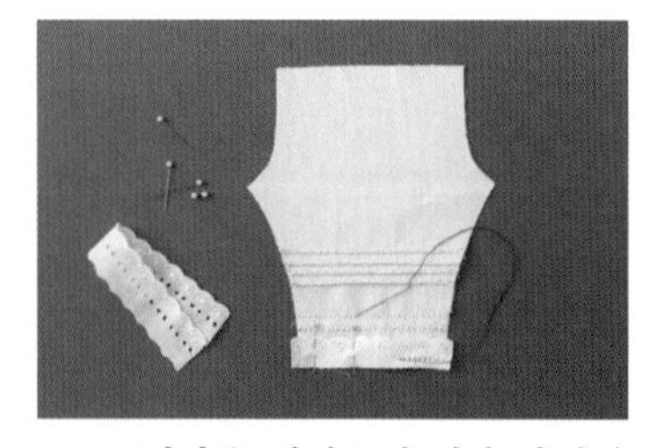

09　밑단용 레이스의 겉과 바지의 겉이 마주 보게 둔 뒤 시침하여 바느질해주세요. 이때 레이스 부분이 위로 향하도록 합니다.

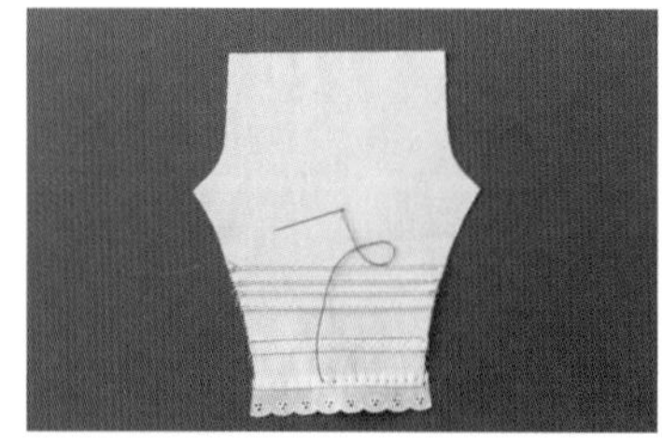

10　레이스를 펼쳐 시접이 안으로 들어가게 한 뒤 겉에서 바느질하여 시접과 레이스를 고정해주세요.

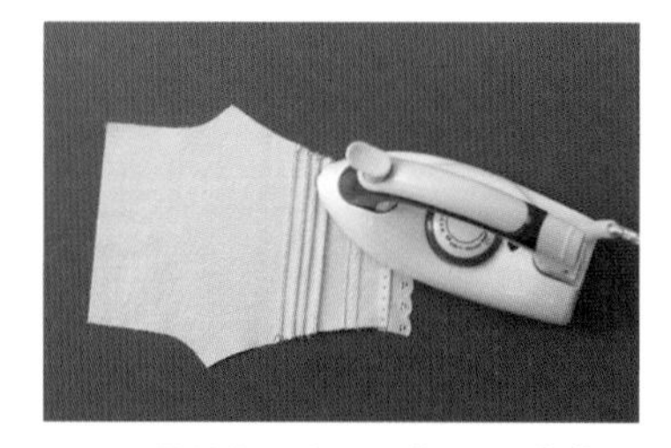

11　꾹꾹 누르는 느낌으로 핀턱 주름이 흐트러지지 않도록 주의하면서 다림질해주세요(같은 방법으로 나머지 한 개를 만들어줍니다).

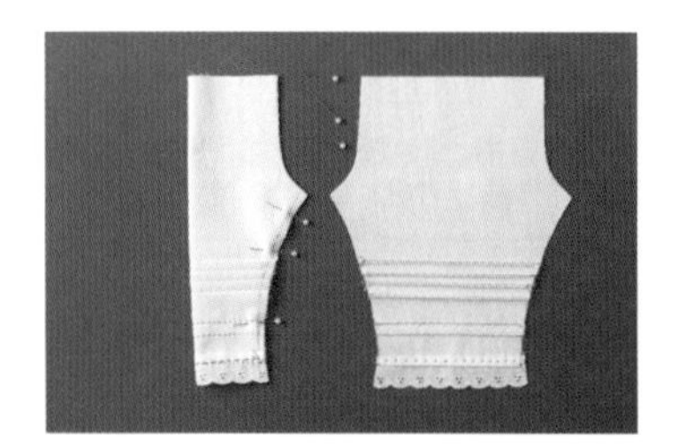

12　겉과 겉이 마주 보게 접어 바지의 옆선을 시침해주세요.

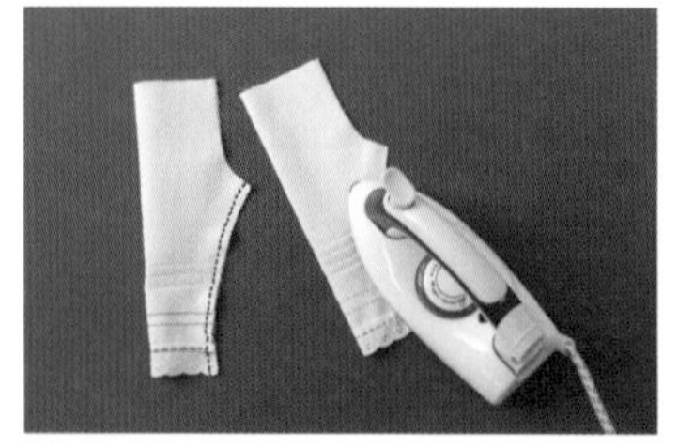

13　시침해둔 옆선을 촘촘하게 바느질한 뒤 다림질해주세요. 옆선을 바느질할 때에는 핀턱 주름의 선과 레이스 선이 비뚤어지지 않게 주의하세요.

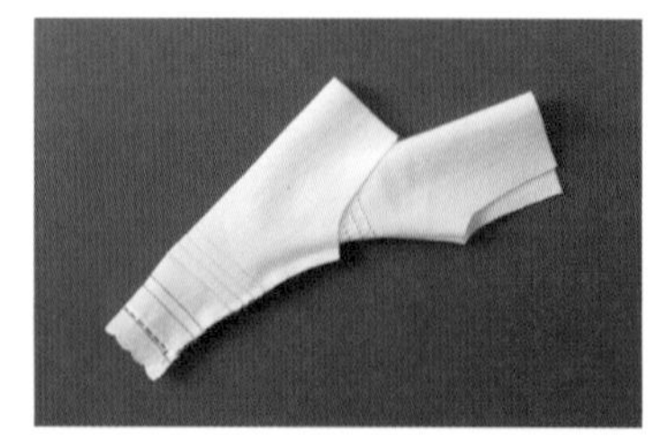

14　한쪽을 뒤집은 후 뒤집지 않은 한쪽에 넣어주세요.

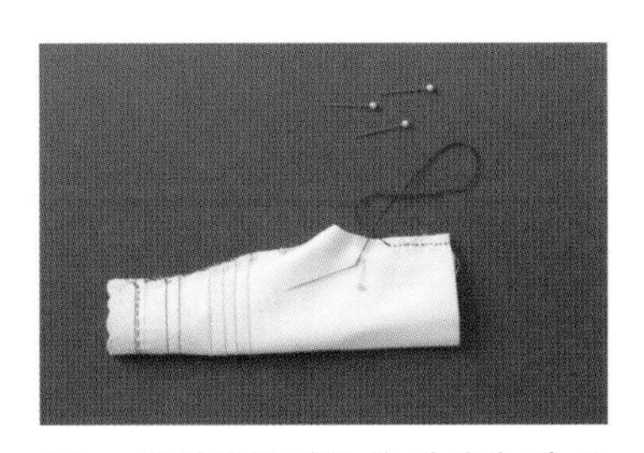

15 중심선을 맞추어 시침한 뒤 촘촘히 꿰매주세요.

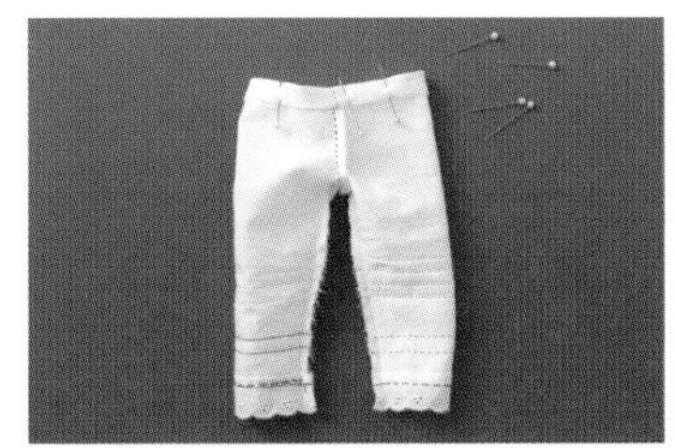

16 바지를 뒤집어 겉에서 안쪽으로 0.5cm 한 번, 0.7cm 한 번 총 두 번 접어 시침해두세요. 시접의 방향은 한쪽으로 해줍니다.

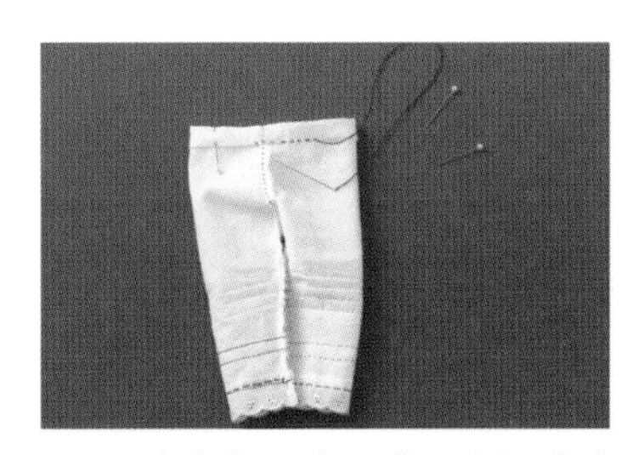

17 시침해둔 선은 창구멍을 남기고 촘촘히 꿰매줍니다.

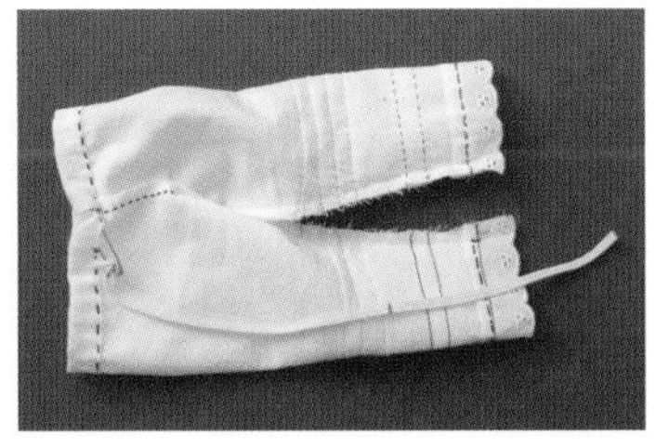

18 고무줄에 처음과 9cm 선을 표시해준 뒤 옷핀에 꿰어 창구멍으로 넣어줍니다. 시접 방향이 동일한 방향이어야 옷핀이 자연스럽게 지나갑니다.

19 표시해둔 처음과 끝을 겹쳐 바느질로 고정해줍니다. 여분의 고무줄은 잘라주세요.

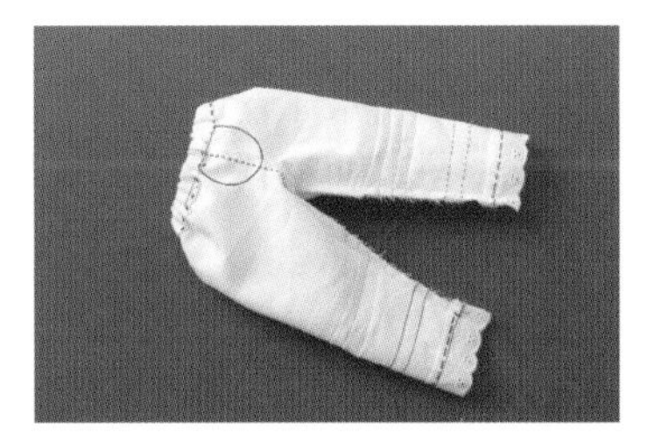

20 창구멍을 막아주세요.

21 손바느질과 재봉틀의 핀턱 라인 비교

22 완성

짧은 속바지

Ready

준비물 폭 32cm, 길이 10.5cm 아사면(60수 면) 또는 거즈면 1장
20cm 스판 레이스
15cm 내외 고무줄
옷핀 또는 고무줄 끼우개
패턴(시접 0.5cm 포함)

기본 도구 실, 바늘, 가위, 패브릭 펜, 시침핀

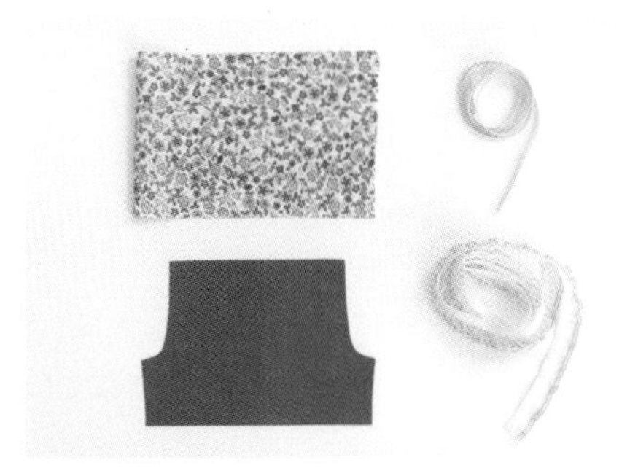

실물 도안(p.227)

How to make

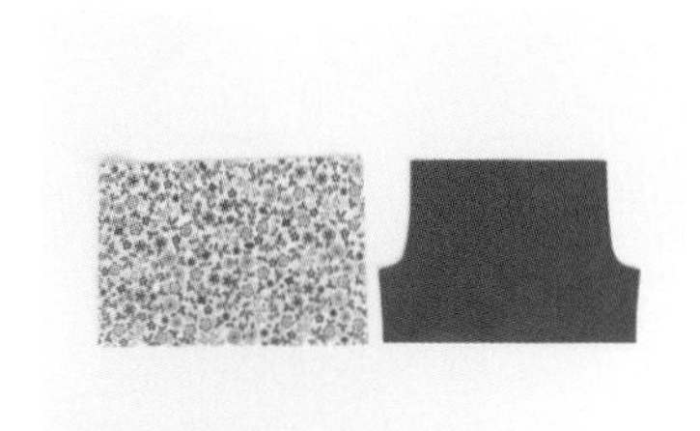

01 원단과 패턴을 준비해주세요.

02 패턴을 옮겨 그려주세요.

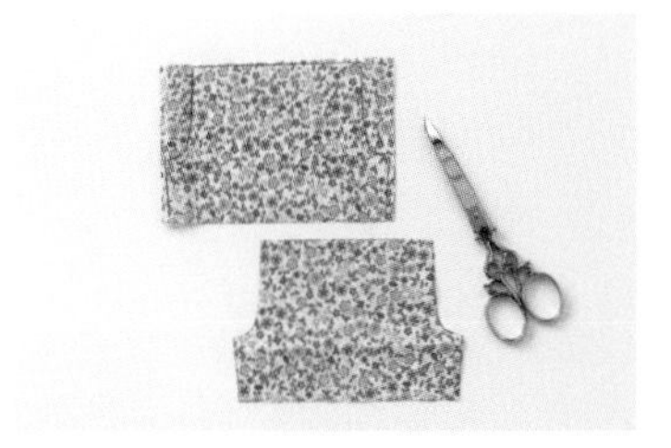

03 시접이 포함된 패턴이므로 그려준 선 그대로 잘라주세요. 좌우가 붙어 있으므로 2장이 나옵니다.

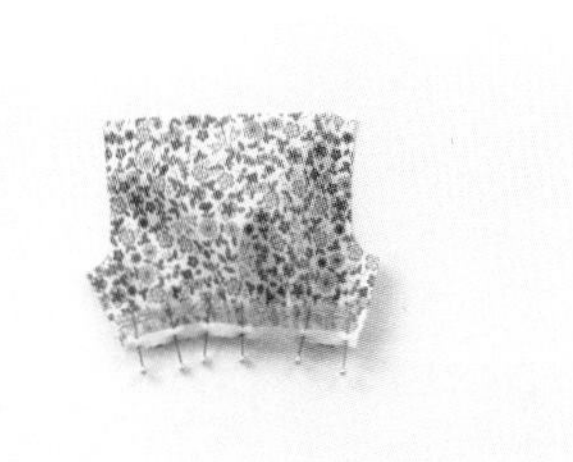

04 고무줄 레이스를 밑단에 시침해주세요. 처음과 끝에 시침핀을 꽂아준 뒤 중심을 맞추어주세요. 나머지 분량을 골고루 맞추어 시침해줍니다.

05 촘촘히 꿰매어 연결해주세요.

06 시접을 위로 가도록 접은 뒤 원단 겉쪽에서 다림질해주세요. 이때 레이스가 다리미에 닿아 눌거나 녹지 않도록 주의해주세요.

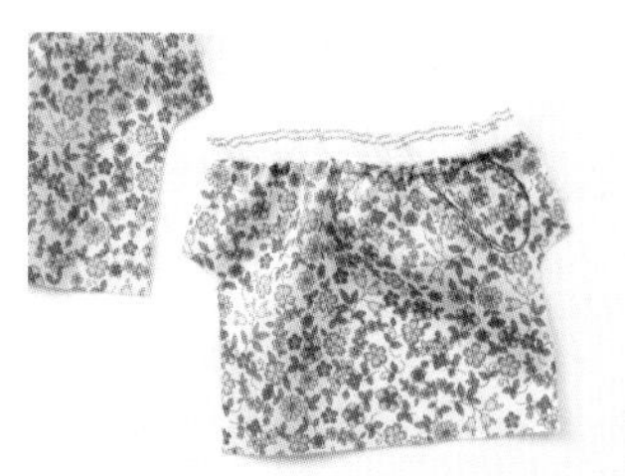

07 시접이 움직이지 않도록 레이스와 연결된 밑단의 겉을 홈질로 꿰매어주세요. 보색을 사용하여 장식 효과를 줘도 좋습니다.

08 좌, 우 총 2장을 만들어주세요.

09 겉과 겉이 마주 보게 접은 뒤 옆선을 촘촘하게 꿰매어 연결해주세요. 좌, 우 모두 꿰매주세요.

10 꿰매둔 좌, 우 2장 중 임의로 한 장을 뒤집어주세요.

11 뒤집은 한쪽을 뒤집지 않은 한쪽으로 넣어주세요.

12 앞, 뒤 중심선을 맞추어 시침핀으로 고정해주세요.

13 촘촘히 꿰매주세요.

14 바느질선을 다려주세요.

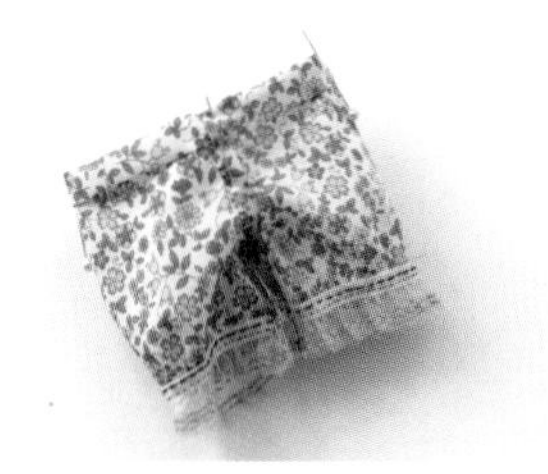

15 허리 시접을 안쪽으로 0.5cm로 한 번, 0.7cm로 한 번 더 총 두 번 접어 시침해주세요. 시접은 한쪽 방향으로 접어주세요. 시접의 방향이 서로 마주 보게 되면 고무줄을 끼울 때 옷핀이 걸려 잘 빠지지 않을 수 있습니다.

16 창구멍을 약 1.5cm 정도 남긴 후 촘촘히 꿰매주세요.

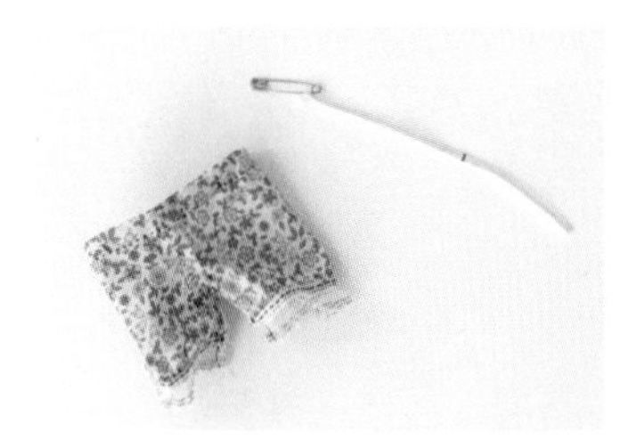

17 고무줄을 옷핀에 걸어 처음 선과 9cm 선을 미리 표시해주세요.

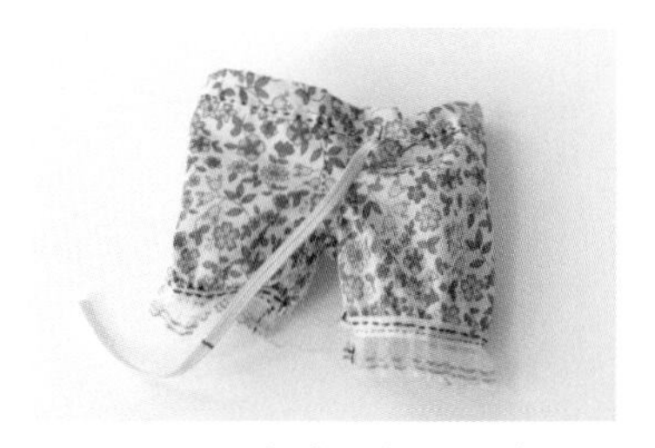

18 고무줄에 처음과 9cm 선을 표시한 다음 옷핀에 고무줄을 꿰어 창구멍으로 넣어주세요.

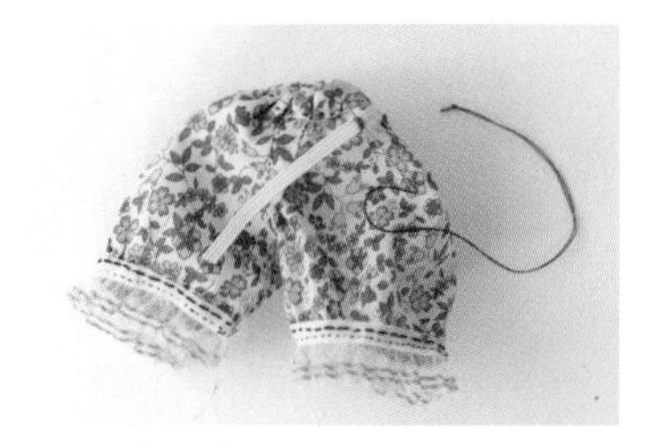

19 창구멍으로 빼낸 고무줄은 표시해둔 선을 겹쳐 꿰매어준 뒤 나머지를 잘라주세요.

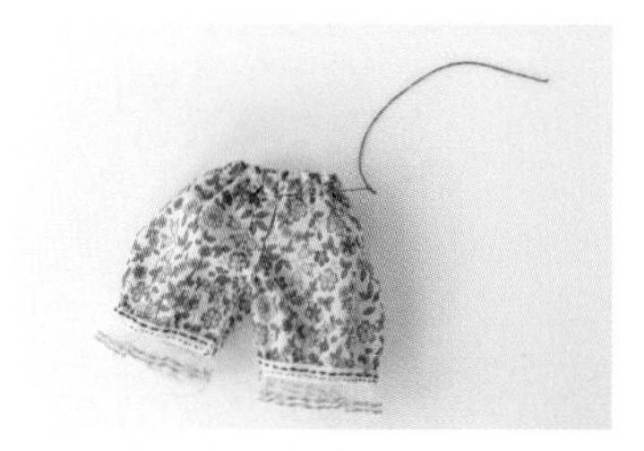

20 창구멍을 막아주세요.

21 완성

속치마

Ready

준비물 폭 60cm, 길이 13~16cm에서 원하는 길이로 준비한 60수 아사면 또는 거즈면 1장
폭 24cm, 길이 4cm 허리 감(패턴 없이 제시된 사이즈로 원단을 잘라 준비해주세요. 시접 1cm) 1장
60cm 밑단 장식용 레이스
고무줄, 옷핀

기본 도구 실, 바늘, 가위, 시침핀

How to make

01 준비된 원단의 겉면에 밑단 장식용 레이스의 겉이 마주 보게 둔 뒤 시침해주세요.

02 촘촘하게 꿰매어 연결해주세요. 바느질감이 울지 않도록 주의하며 가끔 반박음질해주세요.

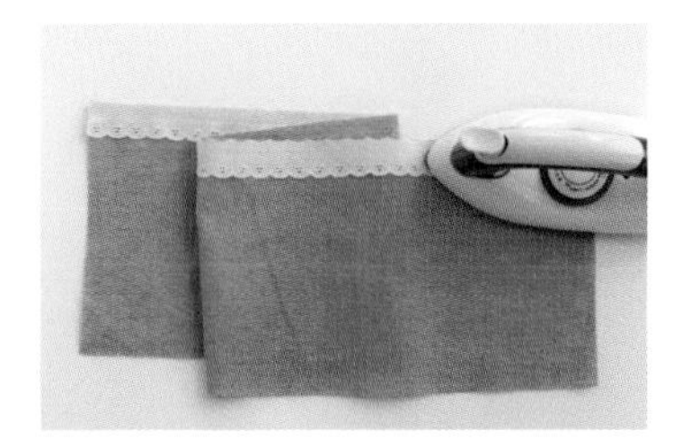

03 바느질선을 다림질해주세요.

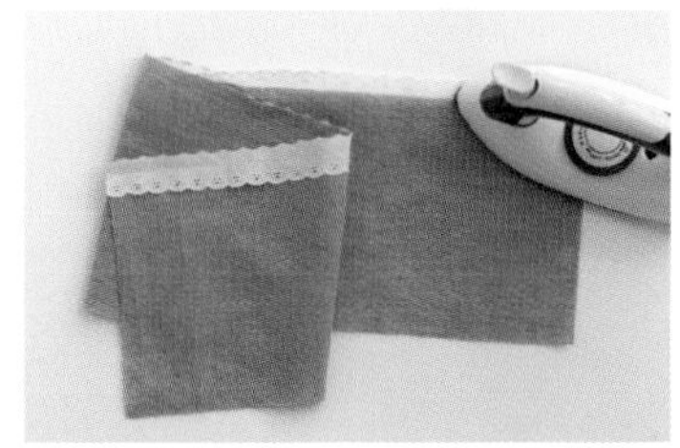

04 레이스의 시접은 원단 쪽으로 향하게 접은 뒤 다림질해주세요.

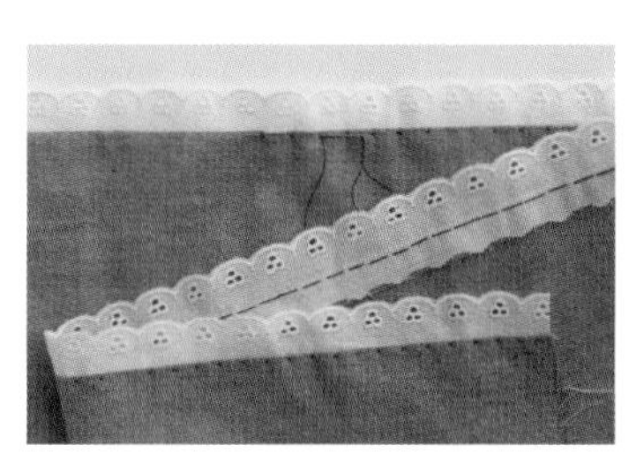

05 시접을 원단과 함께 고정해주세요. 겉면에서 바늘땀이 아주 약간만 보이게 해주세요.

06 바느질선을 다림질해주세요.

07 주름을 잡기 위해 치마 상단에 홈질을 2줄 해주세요.

08 실을 좌우(양쪽)에서 당겨 허리 감과 길이를 맞춰주세요.

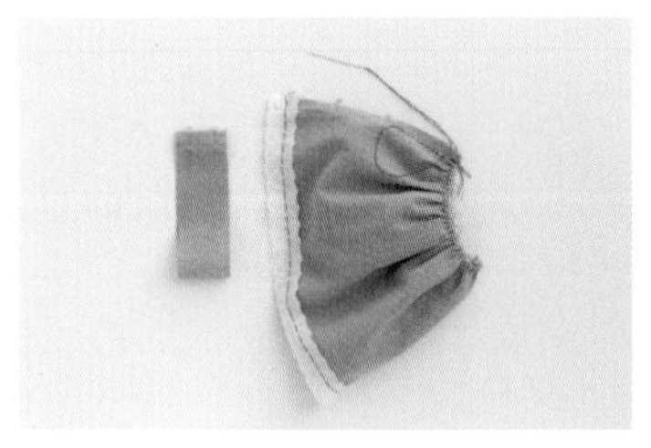

09 허리 감과 주름을 잡아둔 치마의 옆선을 꿰매어 연결해주세요.

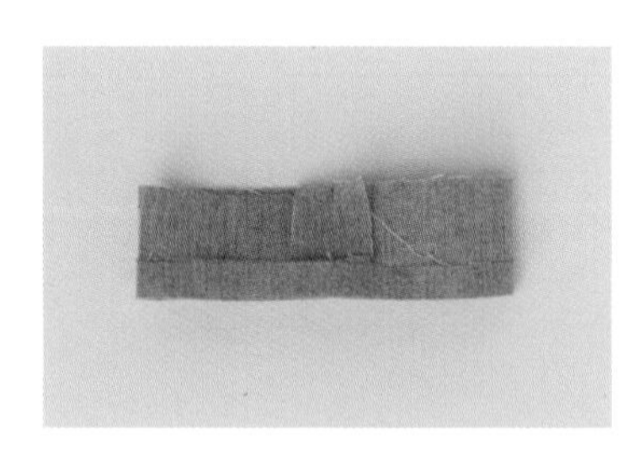

10 허리 감의 시접 0.7cm를 안쪽으로 접어 다림질해주세요.

11 다시 1cm를 접어 다림질해주세요.

12 허리 감의 겉과 치마의 안을 마주 보게 겹친 뒤 0.7cm 선을 시침한 뒤 꿰매 연결해주세요.

13 치마를 뒤집어 겉이 보이게 해주세요.

14 다림질해둔 선을 접어 창구멍을 남기고 꿰매주세요.

15 옷핀에 고무줄을 꿰어 처음과 12cm 선을 표시해주세요.

16 창구멍으로 옷핀을 넣어 12cm 선과 처음 선을 겹쳐 두어 번 꿰매 고정해주세요.

17 고무줄의 나머지를 잘라주세요.

18 창구멍을 막아주세요.

19 허리선의 고무줄을 골고루 분산해주세요. 주름의 양이 많아 다른 원단을 사용할 경우 허리 부분이 두껍고 탄력이 없을 수 있습니다. 40수 면을 사용할 경우 치마 원단의 폭을 약 40cm 내외로 줄여 만들어주세요.

남방

Ready

준비물 폭 42cm, 길이 40cm 20수 또는 30수 면 1장
스냅단추 최소 3개
패턴(시접 0.5cm 포함)

기본 도구 실, 바늘, 가위, 패브릭 펜, 시침핀

실물 도안(p.228~229)

How to make

01 원단과 패턴을 준비해주세요.

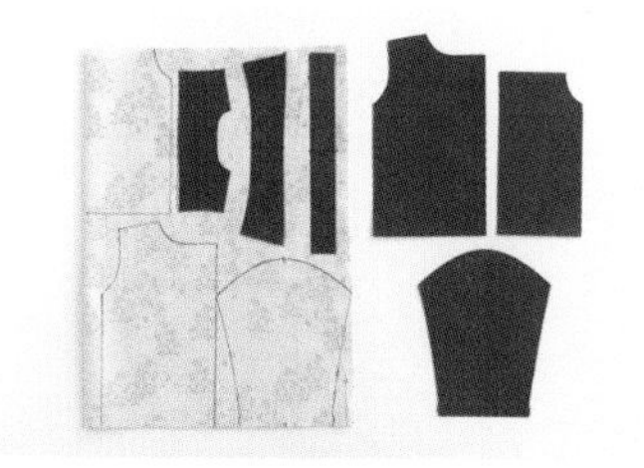

02 원단의 겉과 겉이 마주 보게 둔 뒤 패턴을 옮겨 그려주세요.

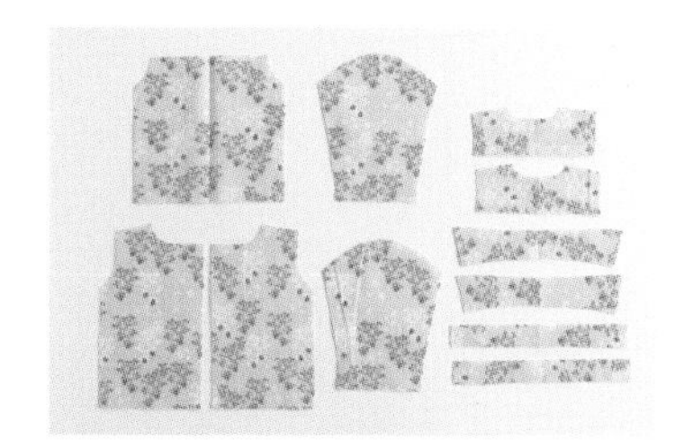

03 앞 2장, 뒤 등판 1장, 소매 2장, 어깨 연결 2장, 칼라 4장으로 총 11장입니다.

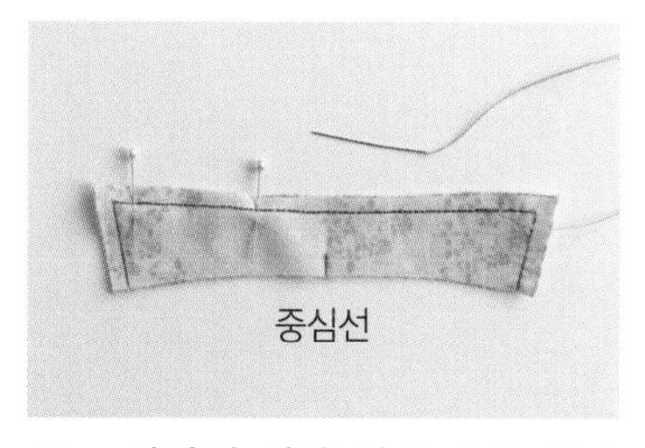

04 칼라의 겉과 겉이 마주 보게 둔 후 촘촘하게 꿰매어주고 중심선을 표시해둡니다.

05 바느질선을 다림질해두세요.

06 뒤집어 완성선이 겹치지 않도록 손질하여 다림질해주고 직사각으로 잘라둔 2장을 준비해주세요.

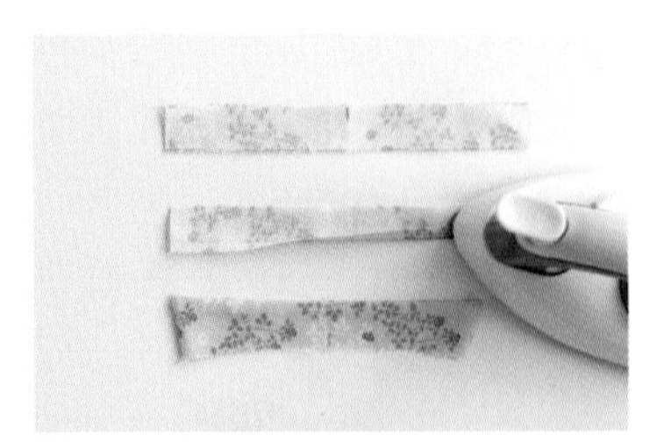

07 1장만 밑단 시접 0.5cm를 안쪽으로 향하게 접어 다림질해주세요. 중심선을 표시해주세요.

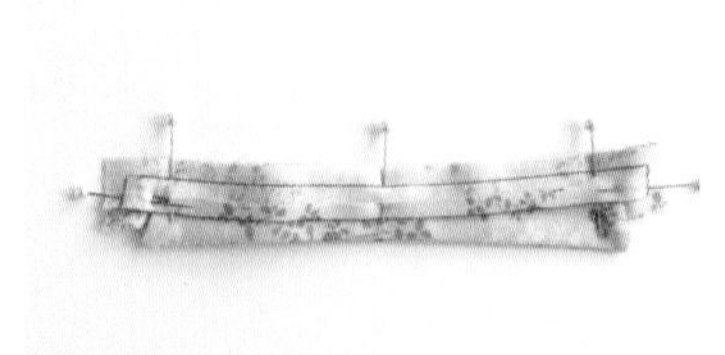

08 직사각 2장을 겹친 뒤 그 사이에 꿰매어둔 칼라를 끼워 시침해주세요. 시접을 다려둔 부분이 트임이 됩니다. 이때 중심선을 맞춰주어야 합니다.

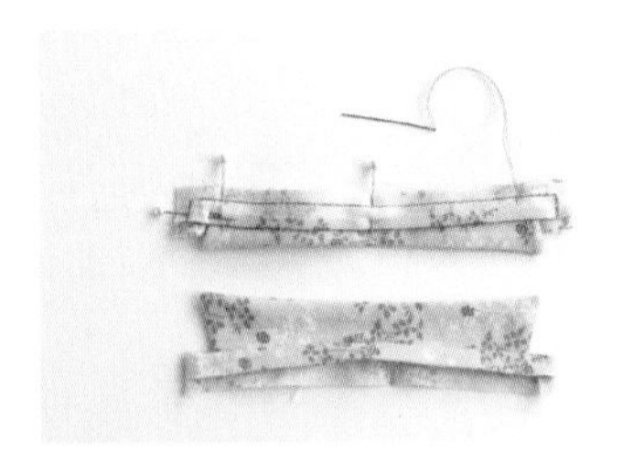

09 3면을 촘촘하게 꿰매주세요. 꿰매어 뒤집어둔 모양을 참고해주세요.

10 골선으로 잘라둔 뒷 등판 1장과 어깨 연결 부분 2장을 준비해주세요.

11 어깨 연결 부분의 겉과 겉 사이에 뒤 등판을 끼어 넣어주세요.

12 시침한 뒤 촘촘하게 꿰매줍니다.

13 연결된 부분을 다림질해주세요. 이때 연결된 부분이 접히지 않도록 주의해주세요.

14 움직이지 않도록 시침질하여 임시로 고정해주세요.

15 앞면 2장을 준비해 뒷면의 어깨에 맞추어 시침한 뒤 꿰매주세요.

16 앞판의 앞선을 안쪽으로 0.5cm, 0.7cm로 두 번 접어 다림질한 뒤 시침하여 꿰매주세요.

17 꿰맨 앞선을 다림질해주세요.

18 소매 2개를 준비하여 어깨 곡선 부분을 홈질로 바느질해주세요. 살짝 곡선만 주고 주름을 잡지는 않습니다.

19 소매를 몸판에 시침하여 연결해줍니다. 중심을 먼저 맞추고 좌우를 맞춘 뒤 시침해주세요. 재단을 정확하게 했다면 딱 맞지만, 혹 조금 남거나 부족하면 옆선을 꿰매며 수정이 가능하니 약간의 오차는 무시해도 괜찮습니다.

20 촘촘하게 꿰매어 연결해줍니다.

21 손목 부분을 겉면 쪽으로 0.5cm 간격으로 두 번 접어 시침한 뒤 꿰매줍니다.

22 겉과 겉이 마주 보게 한 뒤(시접이 보이도록) 겨드랑이 선, 소매 끝을 맞춘 후 시침해주세요.

23 소매 끝부터 꿰매어 연결해줍니다. 겨드랑이의 각진 부분은 박음질해주고 다 꿰맨 뒤 대각선으로 가윗밥을 줍니다.

24 만들어둔 칼라를 몸판에 시침하여 꿰매줍니다. 중심을 맞추고 양 옆 끝을 맞추어줍니다.

25 곡선 부분에 가윗밥을 넣어주세요.

26 칼라의 끝 연결 부분은 시접이 여러 겹 이어져 두꺼워질 수 있으니 바느질선의 0.2cm 윗부분 시접을 사선으로 잘라주세요.

27 연결된 부분이 울지 않도록 하며 접어둔 시접이 몸판의 겉에 오게 하여 연결해줍니다. 감침질이나 공그르기 등 편안한 방법을 선택해주세요.

28 밑단을 0.5cm 간격으로 두 번 접어 시침한 뒤 꿰매주세요.

29 스냅단추를 최소 3개 꿰매어 붙여주세요.

30 완성

블라우스

Ready

준비물 몸판용_ 폭 42cm, 길이 30cm 60수 아사면 1장
손목 프릴용_ 폭 18cm, 길이 2cm 60수 아사면 2장
스냅단추 3개
0.3cm 폭의 고무줄
패턴(시접 0.5cm 포함)

기본 도구 실, 바늘, 가위, 패브릭 펜, 시침핀

실물 도안(p.230~231)

How to make

01 원단의 겉과 겉을 마주 보게 한 뒤 패턴을 준비해주세요.

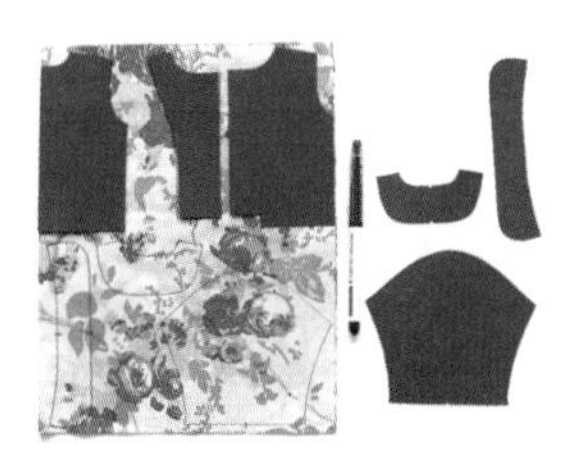

02 패턴을 옮겨 그려줍니다.

03 그려둔 선을 따라 잘라주세요. 원단이 움직이지 않도록 주의해주세요. 총 11장이 나옵니다.

04 뒷면과 앞면의 어깨선을 시침하여 연결해주세요. 안감으로 사용될 부분의 어깨 라인도 연결해둡니다.

05 얇고 작은 바느질감이므로 바느질선이 울지 않도록 주의하여 꿰매주세요. 이 작업이 잘 되어야 안감을 연결했을 때 자연스러운 선이 나옵니다.

06 어깨 시접을 양쪽으로 벌려 다리미로 꾹 누르듯 다림질해주세요.

07 안감의 끝부분을 홈질해주세요. 올풀림과 원단의 늘어짐을 방지해줍니다.

08 늘어지지 않도록 주의하여 다림질해둡니다.

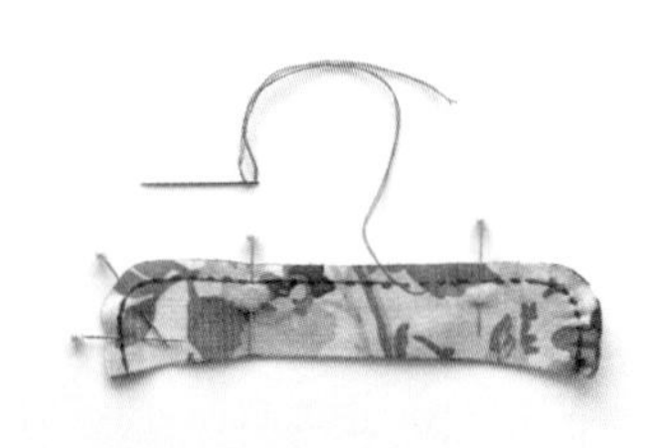

09 칼라 2장의 겉과 겉이 마주 보게 시침한 뒤 꿰매어 연결해둡니다.

10 칼라의 둥근 부분에 V자로 가윗밥을 넣어줍니다.

11 소매의 둥근 어깨선을 홈질하여 주름을 잡아줍니다. 암홀 부분은 주름이 잡히지 않도록 해주고 중심선을 표시해주세요.

12 몸판과 소매의 중심을 잘 맞추어 시침하여 연결해주세요.

13 주름이 예쁘게 잡히도록 조절하면서 꿰매어 연결해주세요.

14 소매 끝부분 프릴 장식으로 사용할 원단을 준비해주세요.

15 폭을 반으로 접은 뒤 시접 쪽 0.3cm 부분을 홈질하여 주름을 잡아주세요. 소매 끝 사이즈에 맞춰주세요.

16 다림질로 눌러 주름을 고정해주세요.

17 양쪽에 사용할 2개를 만들어 둡니다.

18 만들어둔 프릴을 소매의 겉에 놓은 뒤 촘촘히 꿰매주세요.

19 시접이 안으로 들어가게 한 뒤 소매와 시접을 바느질하여 고정해주세요.

20 몸판, 안감, 칼라를 준비해주세요.

21 안감 중심에 칼라의 중심을 맞춰 고정해주세요.

22 안감과 겉감의 중심을 먼저 맞춘 뒤 좌우를 바느질해주세요.

23 목 부분의 곡선에 가윗밥을 넣어주세요. 얇은 원단이므로 1자 가윗밥을 넣어줍니다.

24 앞부분 시접을 접어 다림질해주세요.

25 뒷부분 안감이 뒤집어지지 않도록 다림질해주세요.

26 소매와 옆선을 잘 맞추어 시침해주세요.

27 옆선을 촘촘하게 바느질해주세요.

28 밑단을 두 번 접어 시침한 뒤 바느질해주세요.

29 안감이 움직이지 않도록 안감의 어깨선을 몸판의 어깨 시접에 두어 번 바느질하여 고정해주세요.

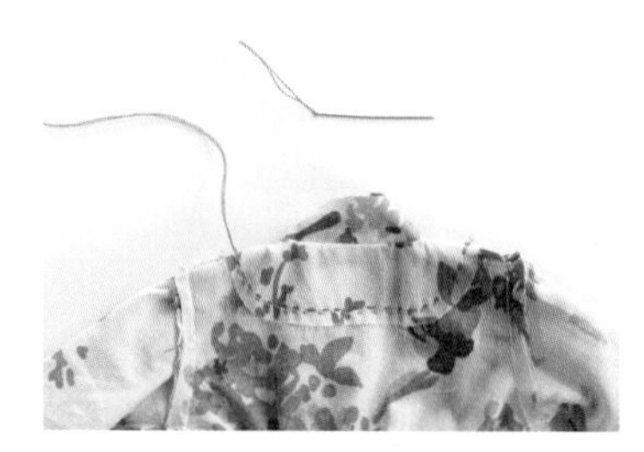

30 뒷부분의 안감이 다림질해도 고정되지 않으면 몸판에 꿰매어 붙여줍니다. 겉면에서 보이게 되니 같은 색의 실을 사용하거나 일정한 간격으로 예쁘게 바느질해주세요.

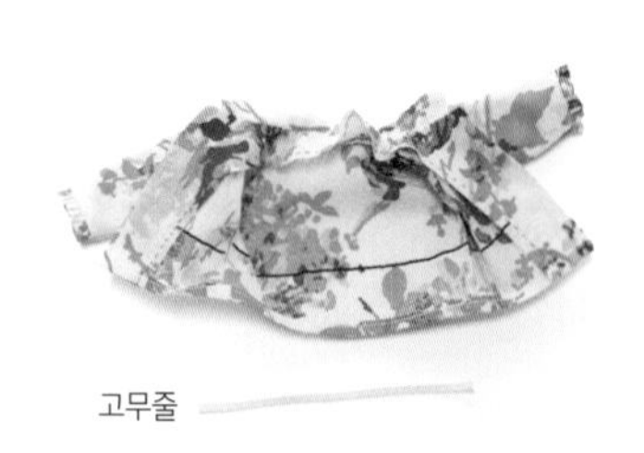

31 준비된 고무줄을 몸판보다 3cm 작게 잘라 준비해주세요.

32 고무줄의 끝이 보이지 않도록 안감 안쪽으로 넣어 고정한 뒤 골고루 분산시켜 꿰매줍니다.

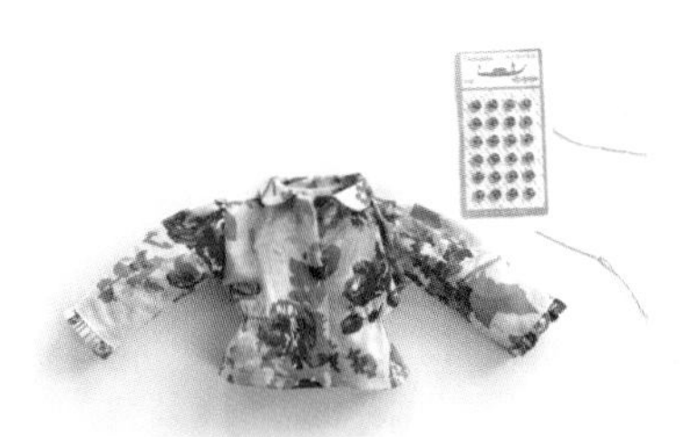

33 스냅단추 3개를 꿰매어 붙여 주세요.

34 완성

스커트

기본 패턴을 응용하여
A라인과 H라인 스커트 만들기

Ready

준비물 A라인용_ 폭 24cm, 길이 12cm 20수 면 1장
H라인용_ 폭 29cm, 길이 13.5cm 20수 면 1장
허릿감용_ 폭 21cm, 길이 4cm 20수 면 1장
스냅단추
패턴(시접 0.5cm 포함, A라인과 H라인 중 선택해서 사용해주세요.)

기본 도구 실, 바늘, 가위, 패브릭 펜, 시침핀

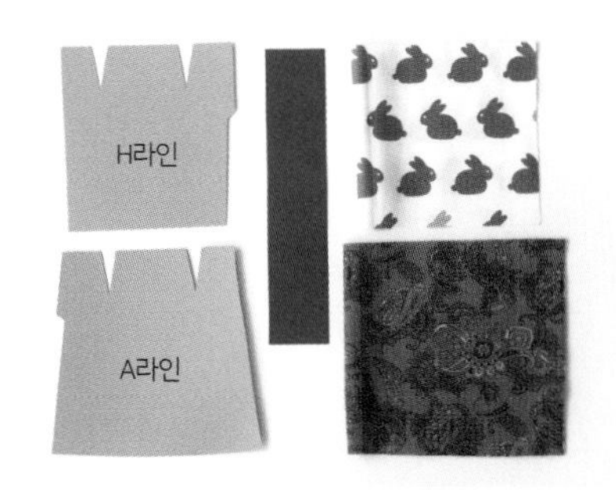

실물 도안(p.232)

How to make

01 원단의 겉과 겉을 마주 보게 놓아주세요.

02 패턴을 올려놓고 그려주세요.

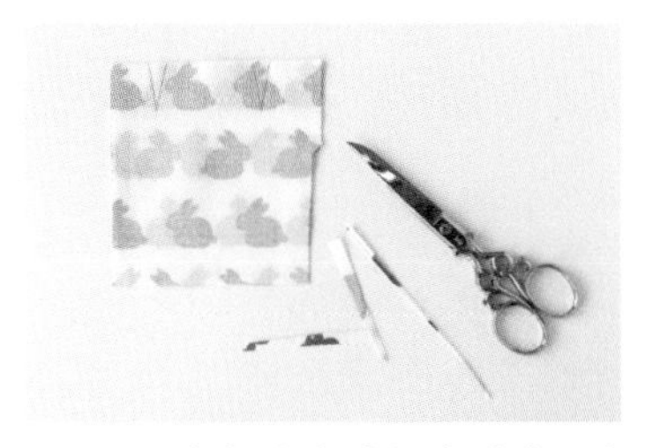

03 그려진 선에 맞추어 잘라주세요.

04 뒤집어 반대편 다트 선도 그려주세요.

05 다트 선을 위에서 아래로 촘촘히 꿰매주세요.

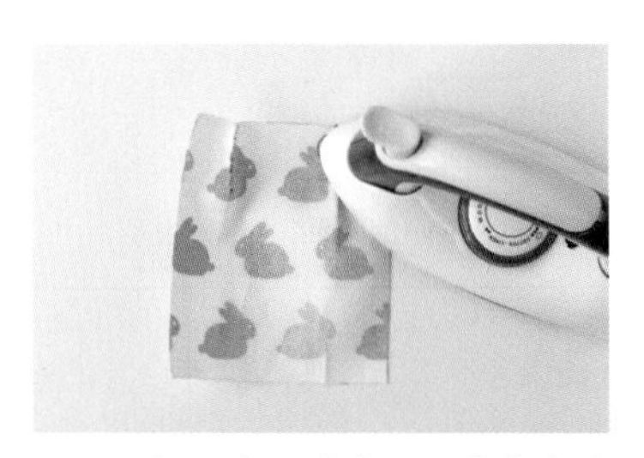

06 다트 선은 옆선으로 향하게 하여 다림질해주세요.

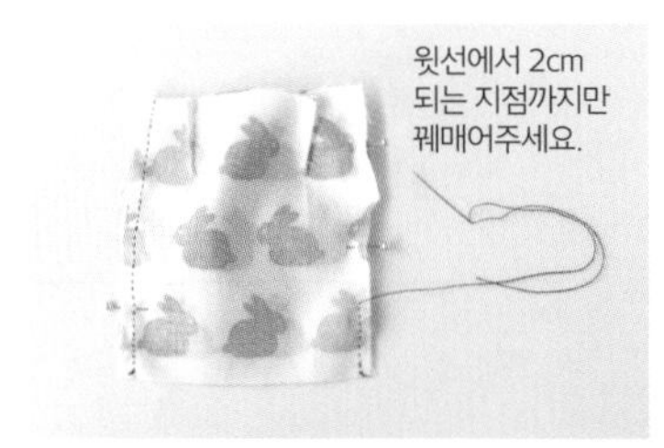

07 옆선을 촘촘히 꿰매주세요. 트임이 있는 쪽은 윗선에서 2cm 되는 지점까지만 꿰매주세요.

08 트임 부분의 좌우 0.5cm 선을 홈질로 꿰매어 시접을 고정해주세요.

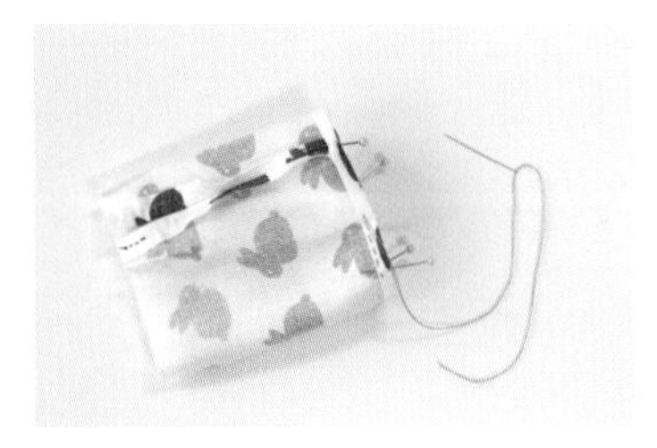

09 밑단 시접을 0.5cm로 두 번 접어 꿰매주세요.

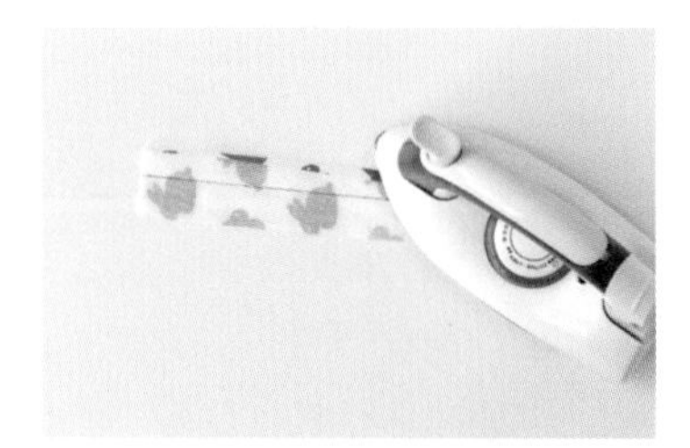

10 허리 밴드 원단(허릿감용)을 준비해주세요. 원단을 겉에서 안으로 시접 0.5cm로 한 번, 1cm로 또 한 번, 총 두 번 접어 다림질해주세요.

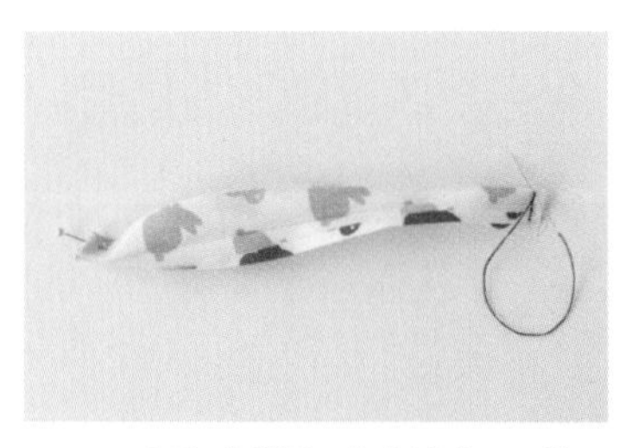

11 다림질해둔 시접선은 그대로 둔 채 원단의 겉과 겉을 마주 보게 한 뒤 양쪽 끝을 시침하여 꿰매주세요.

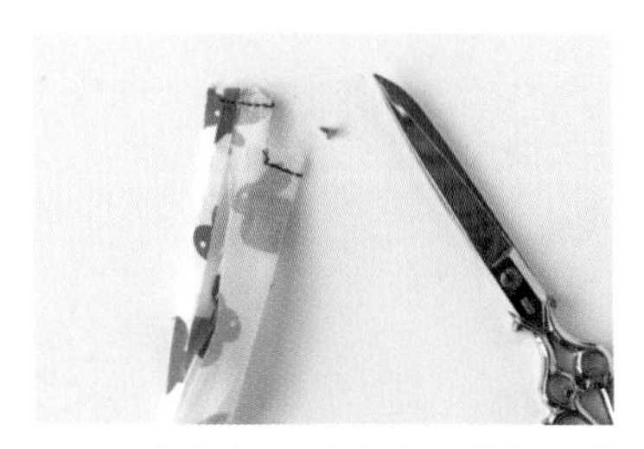

12 접어진 쪽 시접의 꼭짓점을 살짝 잘라주세요.

13 다시 뒤집어 다림질해둡니다.

14 밴드의 접히지 않은 시접의 겉면을 치마 상단의 안면과 마주 보게 한 뒤 시침해주세요. 한쪽을 딱 맞추면 한쪽은 대략 1.5cm의 밴드가 남게 됩니다.

15 시침해둔 선을 촘촘히 꿰매주세요.

16 다림질해둔 선이 치마 겉면으로 오게 한 뒤 시침해주세요.

17 편안한 바느질을 선택하여 꿰매줍니다.

18 밴드 선을 다림질해줍니다.

19 스냅단추를 달아줍니다. 인형의 몸체나 치마 바느질 과정에서 약간의 오차가 있을 수 있으니 스냅 위치는 각자 맞추어 조절해줍니다.

20 여분의 밴드가 안쪽으로 오도록 해주세요.

21 완성

캉캉 스커트

Ready

준비물	70 × 5cm 60수 아사면 3장 28 × 5cm 60수 아사면 1장 28 × 4cm 60수 아사면 1장 별도의 패턴 없이 제시된 사이즈로 식서를 맞춰 재단해주세요. 약 90cm 토션 레이스
기본 도구	실, 바늘, 가위, 패브릭 펜, 시침핀

How to make

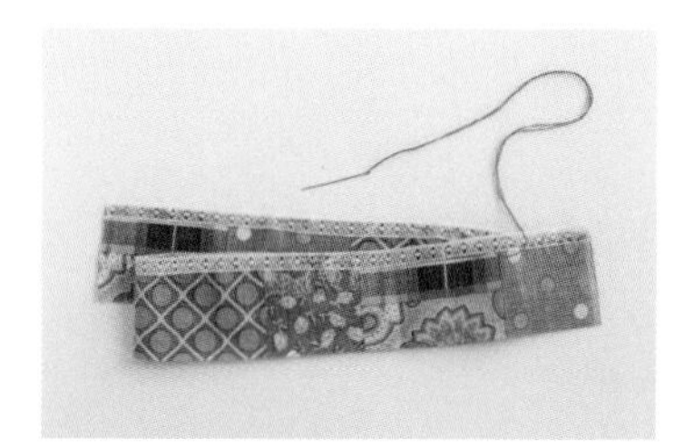

01 70cm 원단 안쪽 면의 끝부분 약 0.5cm 선에 토션 레이스의 겉이 보이게 꿰매줍니다. 레이스가 원단보다 약 0.2cm 밖으로 나가게 합니다.

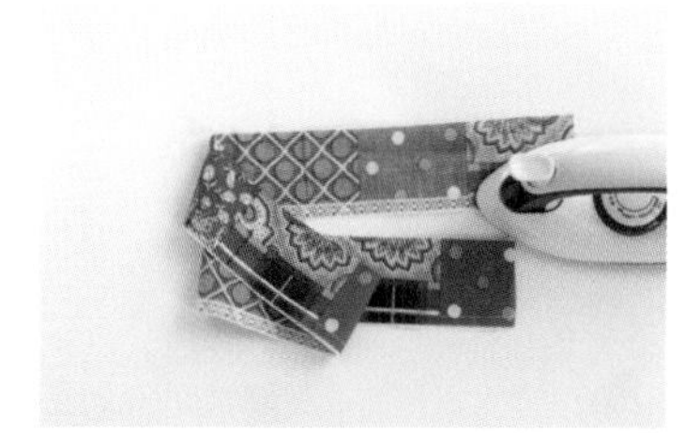

02 레이스가 겉면으로 오게 다림질해주세요.

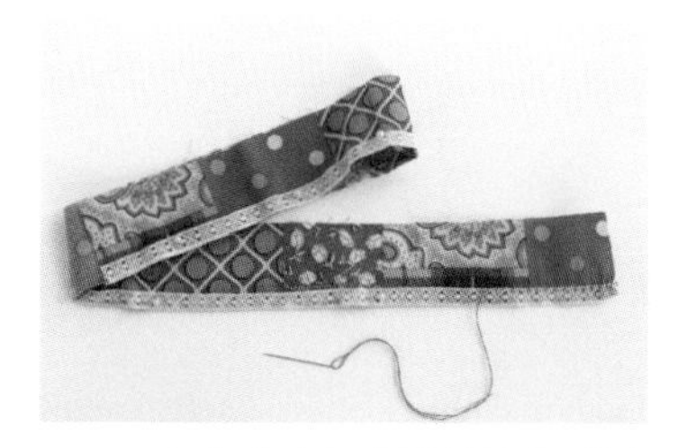

03 토션 레이스의 끝부분을 원단과 함께 홈질로 촘촘하게 꿰매주세요. 중간중간 반박음질로 고정하여 실이 당겨지지 않도록 해주세요.

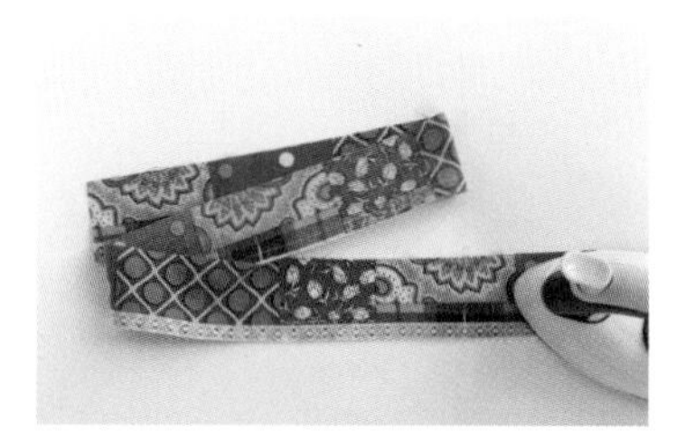

04 바느질선이 울지 않도록 다림질해줍니다.

05 나머지 70cm 길이 2장의 밑단을 0.5cm로 두 번 접어 다림질해줍니다. 이때 0.5cm가 넘지 않도록 해주세요.

06 촘촘히 꿰매줍니다.

07 바느질선을 다림질해주세요.

08 홈질을 2줄 하여 28cm에 맞추어 주름을 잡아주세요.

09 주름을 다림질하여 고정해주세요. 이때 주름이 몰리지 않도록 조절해주세요.

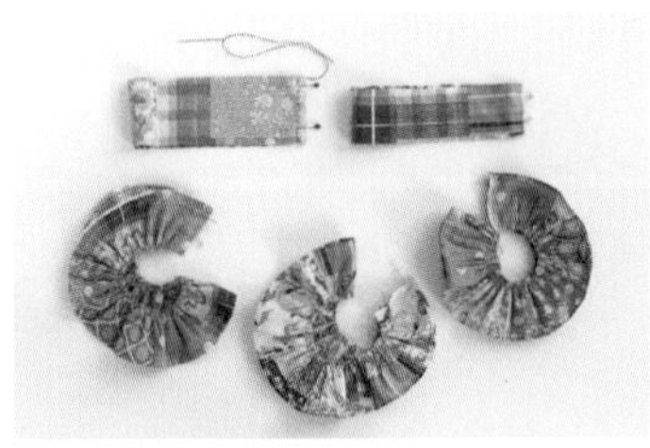

10 준비된 원단 5개의 옆선을 모두 연결해주세요.

11 시접을 좌우로 벌려 다림질해주세요.

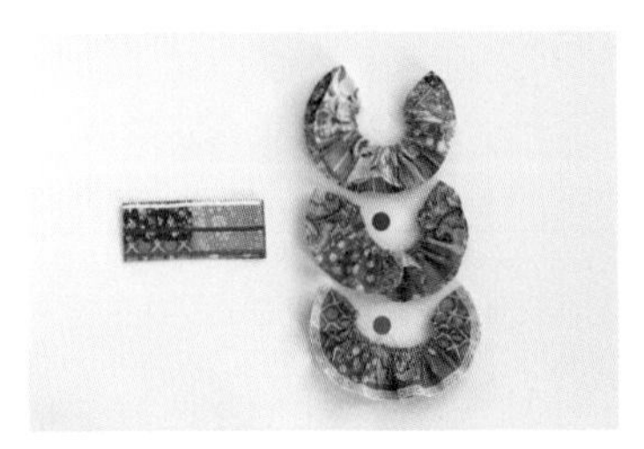

12 레이스가 달린 원단이 밑단에 붙고, 나머지 두 장이 중간과 상단에 붙게 됩니다.

13 레이스가 달린 원단의 겉과 28×5cm를 연결한 원단의 겉이 마주 보게 둔 뒤 시침한 후 꿰매주세요.

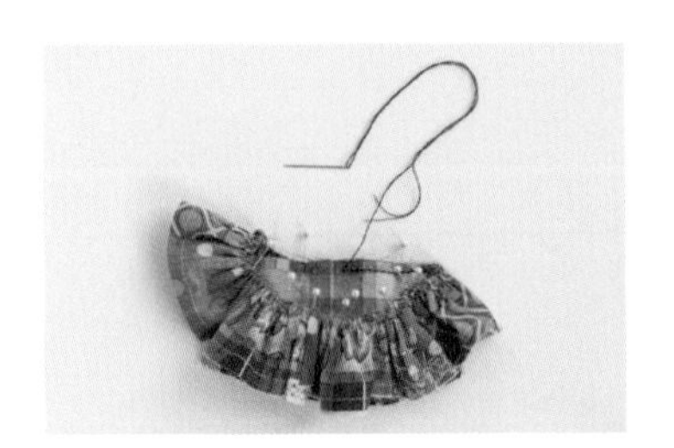

14 레이스는 아래로 향하도록 합니다.

15 바느질한 선을 겉에서 다려주세요. 이때 시접이 위로 향하게 하여 주름을 눌러 정리해줍니다.

16 시접이 움직이지 않도록 바느질하여 고정해줍니다.

17 밑단 연결선의 2cm 위 부분 선에서 2번째 주름 분을 고정해주세요.

18 촘촘히 바느질하여 연결해주세요. 박음질을 추천합니다.

19 주름을 눌러 고정해줍니다.

20 시접이 보이지 않도록 토션 레이스를 붙여줍니다. 레이스의 밑단과 중간 단의 시접을 함께 꿰매서 중간 단의 시접이 보이지 않도록 합니다.

21 바느질선을 다림질해주세요.

22 마지막 남은 3번째 주름분을 상단에 시침하여 고정해주세요.

23 0.5cm 선에 촘촘히 꿰매어 연결해줍니다. 주름이 촘촘해 평평한 치마 부분이 어긋날 수 있으니 주의해주세요.

24 바느질선을 다려주세요.

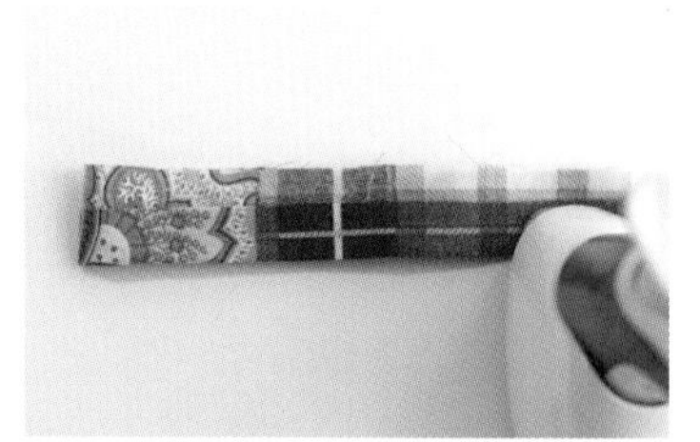

25 준비된 허릿단의 겉면 시접을 0.7cm 안으로 접어 다림질해주세요.

26 치마의 안과 허릿단의 겉면(시접이 접히지 않은 쪽)을 마주 보게 한 뒤 시침하여 고정해주세요

27 촘촘히 꿰매주세요. 허릿단의 시접이 0.7cm인 이유는 치마와 연결된 바느질선이 보이지 않도록 하기 위해서입니다. 0.5cm로 딱 맞출 경우 주름분이 두꺼워 겉면에서 연결된 바느질선이 보일 수 있습니다.

28 허릿단을 겉으로 접어주세요.

29 창구멍을 남기고 꿰매주세요. 옷핀의 크기에 따라 창구멍의 크기를 조절해주세요.

30 고무줄에 처음과 13cm 선을 표시해 준비해주세요.

31 창구멍으로 옷핀을 넣어 고무줄을 끼워주세요.

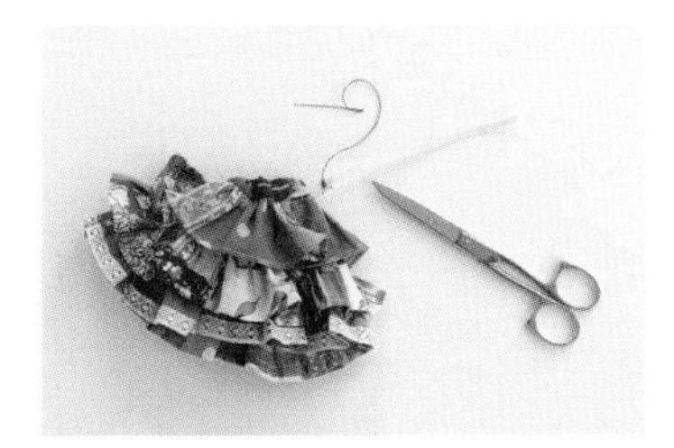

32 미리 표시해둔 처음과 13cm 선을 2~3번 바느질해 꿰매어 연결한 뒤 나머지를 잘라주세요. 고무줄은 60수 아사면을 사용했을 때 길이입니다. 원단이 두꺼워지면 고무줄의 길이가 달라질 수 있으니 참고해주세요.

33 창구멍을 막아주세요.

34 완성

샤 스커트

Ready

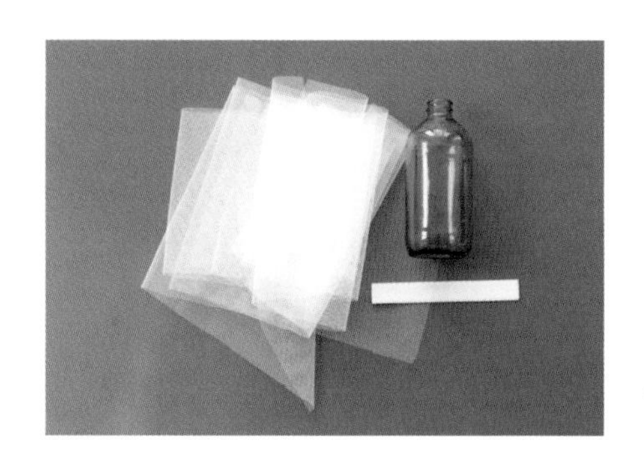

준비물 폭 70cm, 길이 22cm 망사 원단 1장
폭 80cm, 길이 19cm 망사 원단 1장
폭 2cm, 길이 15cm 허리 밴드 고무줄
지름 20cm 내외의 유리병
별도의 패턴 없이 자른 망사를 그대로 사용합니다(옆선 시접 0.5cm, 허리선 시접 1cm).

기본 도구 바늘, 실, 가위, 기화펜, 시침핀

How to make

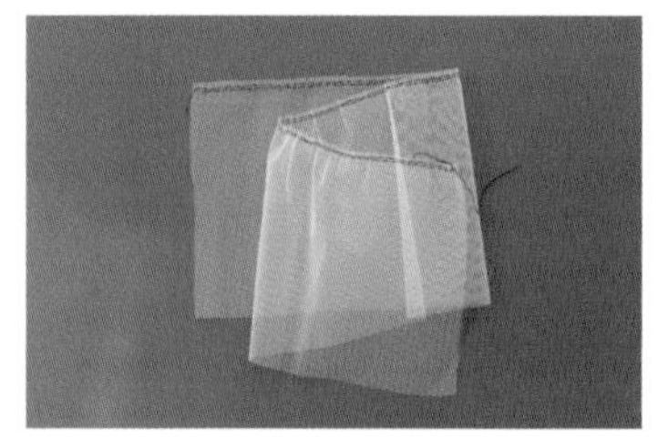

01 길이 22cm 망사의 상단에 1~2mm 간격으로 2줄 홈질해주세요.

02 양쪽으로 실을 잡아 당겨 주름을 잡아 21cm 내외로 만들어주세요.

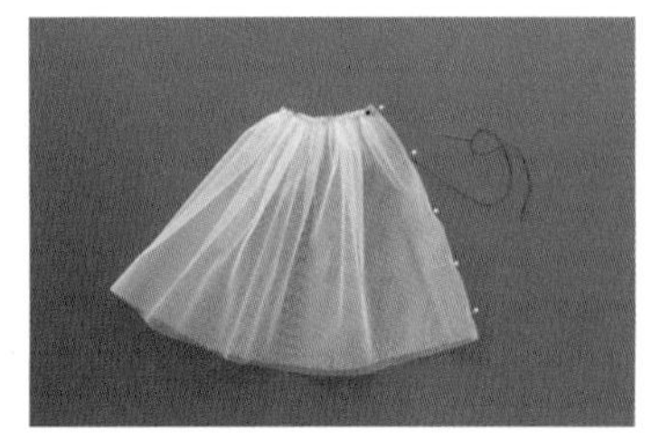

03 옆선을 촘촘히 꿰매어 연결해 주세요.

04 나머지 19cm 망사도 동일한 방법으로 꿰매어 준비해주세요.

05 길이가 긴 망사 겉 위에 짧은 망사의 안이 마주 보게 겹쳐 상단을 시침으로 고정한 뒤 0.5cm 간격으로 홈질해주세요.

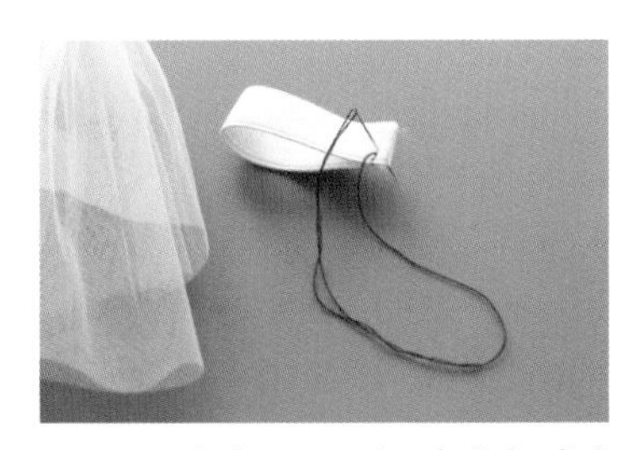

06 준비된 고무줄을 퀘매어 연결해주세요.

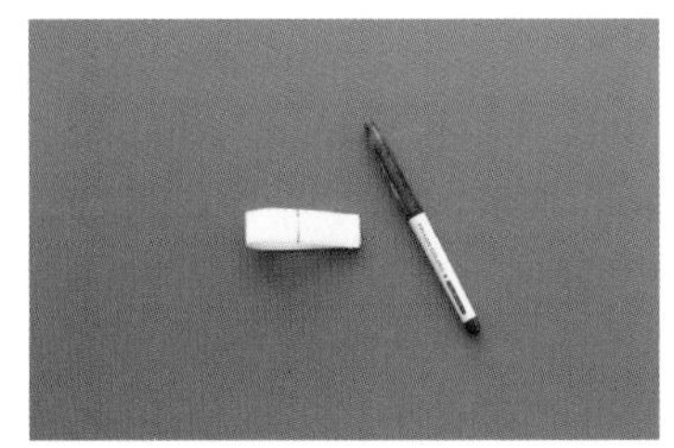

07 연결된 선을 기준으로 4등분하여 표시해주세요.

08 준비된 병에 스커트를 끼워 넣은 뒤 4등분 표시한 고무줄에 스커트의 허리를 골고루 분산하여 시침핀으로 고정해주세요.

09 바늘땀이 건너뛰지 않게 주의하면서 반박음질로 퀘매주세요. 이때 바늘이 병을 긁듯 지나가며 위로 올려주면 바늘땀을 건너뛰지 않고 퀘맬 수 있습니다.

10 허리 밴드 시접을 고정하기 위해 연결선을 가로 건너 퀘매주세요.

11 망사에 분무기로 물을 뿌린 뒤 손으로 훑어주세요. 연결된 두 망사가 밀착되며 주름이 정리됩니다.

12 완성

스팽클 스커트

Ready

준비물 폭 70cm, 길이 26cm 망사 원단 1장
다양한 색상의 스팽글 또는 폼폼
폭 2cm, 길이 15cm 허리 밴드 고무줄
지름 20cm 내외의 유리병
별도의 패턴 없이 자른 망사를 그대로 사용합니다(옆선 시접 0.5cm, 허리선 시접 1cm).

기본 도구 바늘, 실, 가위, 기화펜, 시침핀

How to make

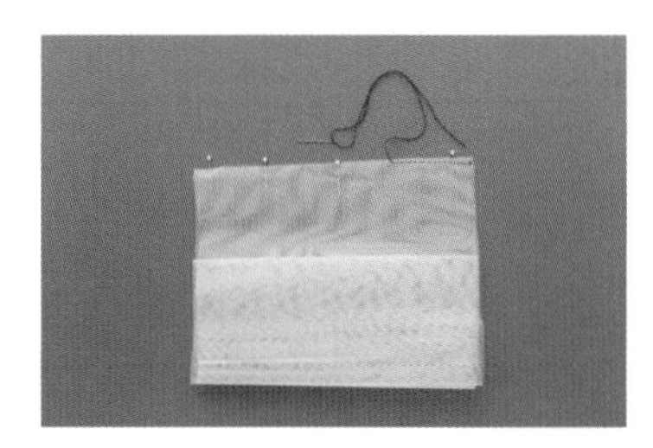

01 옆선을 촘촘히 꿰매어 연결해 주세요.

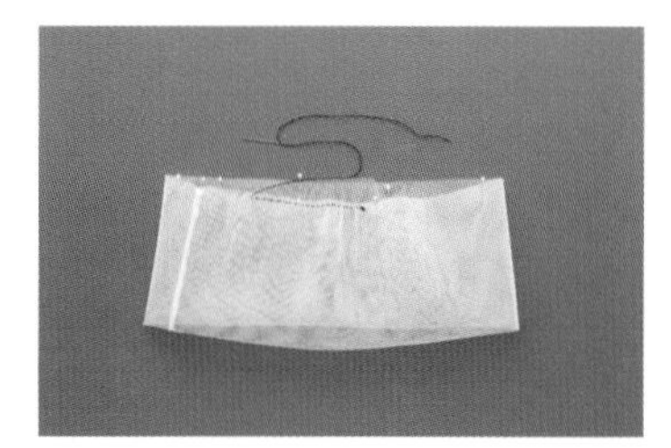

02 시접이 안으로 들어가게 하여 폭을 반으로 접어주세요.

03 두 겹으로 만든 망사를 마지막 5cm를 남겨두고 홈질하여 주름을 잡아주세요. 남겨둔 5cm를 통해 스팽글 또는 폼폼을 넣은 뒤 나머지 5cm를 홈질해주세요. 실을 당겨 접은 상태에서 대략 10cm(총 20cm)가 되도록 주름을 잡아주세요.

04 준비된 고무줄을 꿰매 연결해주세요. 샤 스커트 설명을 참고해주세요(p.125, 과정 6).

05 준비된 병에 망사와 고무줄을 끼워 넣은 뒤 고무줄에 주름을 골고루 분산해주세요. 바늘땀이 건너뛰지 않게 주의하면서 반박음질로 꿰매줍니다. 이때 바늘이 병을 긁듯 지나가며 위로 올려주면 바늘땀을 건너뛰지 않고 꿰맬 수 있습니다. 병이 투명하면 시접이 적당히 나누어졌는지 볼 수 있으므로 참고하세요.

06 허리 밴드 시접을 고정하기 위해 연결선을 가로 건너 꿰매주세요.

07 완성

민소매 원피스

Ready

준비물 상단용_ 폭 54cm, 길이 12cm 20수 면 1장
치마용_ 폭 70cm, 길이 20cm 20수 면 1장
스냅단추 3개
패턴(시접 0.5cm 포함)

기본 도구 실, 바늘, 가위, 패브릭 펜, 시침핀, 겸자

실물 도안(p.233)

How to make

01 상체용 원단의 겉과 겉을 마주 보게 준비해주세요.

02 패턴을 옮겨 그려주세요(앞 2장, 뒤 4장).

03 원단이 움직이지 않도록 주의하며 그려둔 선을 잘라주세요.

04 다트 선을 앞과 뒤 양면에 표시해주세요. 꼭짓점과 밑부분을 표시해주면 됩니다.

05 밑단 다트 폭을 반으로 접어 꼭짓점까지 시침하여 바느질해주세요.

06 나머지 다트 선을 모두 꿰매줍니다.

07 총 앞 2장, 뒤 4장

08 다트 선의 시접이 옆선 방향이 되도록 다려주세요. 윗면이 눌리지 않도록 주의해주세요. 눌려 다려질 경우 원단이 늘어날 수 있습니다. 다리미 끝으로 꾹꾹 눌러 다려주세요.

09 겉과 겉이 마주 보게 둔 후 소매선, 목선, 앞선을 꿰매줍니다. 어깨선은 꿰매지 않습니다.

10 바느질선을 다림질해주세요.

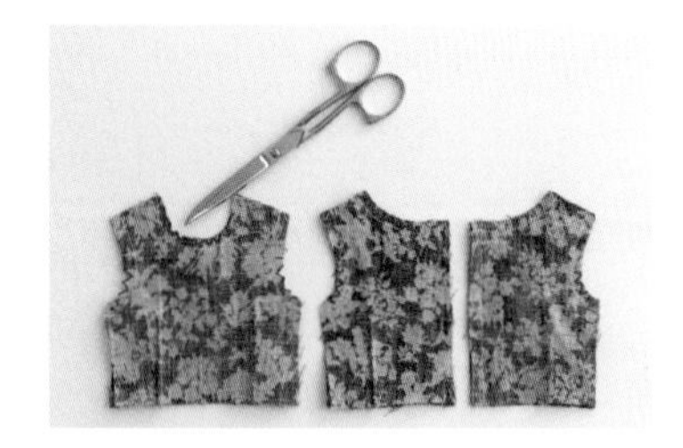

11 목선과 소매선의 곡선에 가윗밥을 넣어주세요.

12 뒷면 중심선의 시접을 접어 다림질해두세요.

13 뒷면 2장을 뒤집어 다림질해주세요.

14 뒤집어둔 뒷면을 뒤집지 않은 앞면으로 넣어 어깨선을 겹쳐주세요.

15 겹쳐준 어깨선을 시침한 뒤 꿰매주세요.

16 어깨선이 늘어지지 않도록 주의하여 뒤집어주세요.

17 어깨선을 다림질해주세요.

18 옆선을 연결해줍니다.

19 연결한 옆선의 시접을 좌우로 벌려 다림질해주세요.

20 사진과 같은 모습으로 준비해주세요.

21 예쁘게 정리된 면을 겉으로 정해 밑단에 1cm의 완성선을 그려주세요.

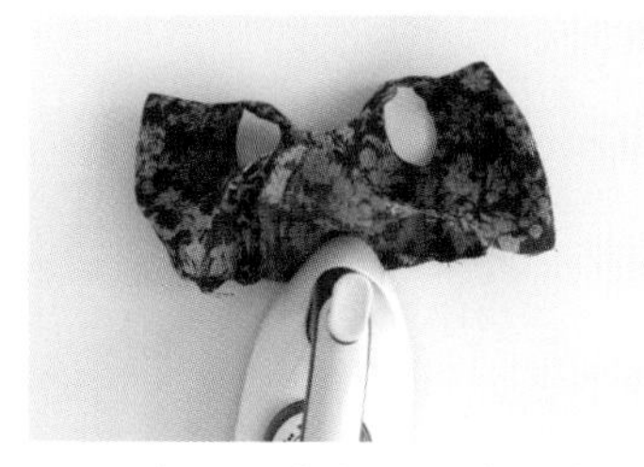

22 안으로 접어 넣어 다림질해줍니다.

23 치마로 사용될 원단(70×20cm)을 준비해주세요.

24 밑단을 0.5cm 접어 다림질해 주세요.

25 옆선을 0.5cm 접어 다림질해 주세요.

26 다시 밑단을 0.5m 접어 다림질해주세요.

27 옆선을 0.5cm 접어 다림질해 주세요(이 방법으로 접어주면 끝선이 예쁘게 나옵니다).

28 상단을 2줄 홈질하여 주름을 잡아주세요. 접어진 좌우 밑단을 꿰매주세요. 이때 가능한 겉에서 바늘땀이 보이지 않게 해주세요.

29 상체의 밑단과 사이즈를 맞춰 주세요.

30 시침하여 고정해주세요.

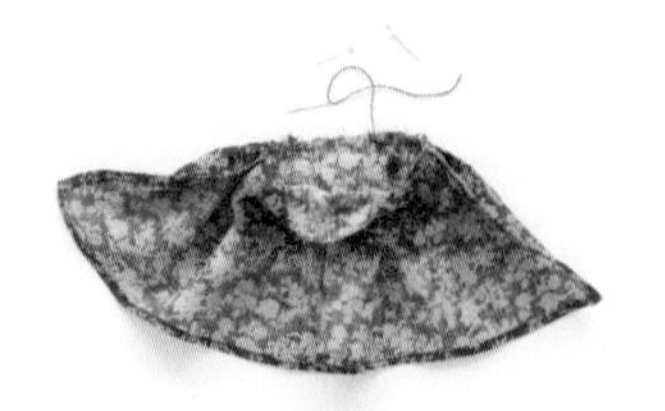

31 주름이 몰리지 않도록 조정하면서 바느질해주세요. 박음질을 추천합니다.

32 시접을 몸판 안으로 넣어준 뒤 접어 다림질해둔 선을 시침한 뒤 꿰매주세요.

33 재단과 시접을 잘 맞추어 바느질해주면 상체와 치마의 길이가 딱 맞습니다.

34 여밈 부분을 다림질해주세요.

35 스냅단추를 달아주세요. 볼록 튀어나온 스냅을 먼저 달아준 뒤 반대편에 겹쳐 꾹 눌러주어 표시된 선에 옴폭 들어간 스냅을 꿰매어 연결해주면 됩니다(혹은 볼록 튀어나온 부분의 스냅에 패브릭 펜으로 칠해 반대편에 표시된 부분에 꿰매주세요).

36 완성

긴팔 원피스

Ready

준비물	상단용_ 폭 63cm, 길이 11cm 20수 면 1장 목선 안감용_ 폭 11cm, 길이 10cm 20수 면 1장 치마 앞_ 폭 30cm, 길이 17cm 아사 면 1장 치마 뒤_ 폭 17cm, 길이 17cm 아사 면 2장 약 10cm 소매 장식용 레이스 스냅단추 3개 약 13cm 내외의 여밈 마감용 토션 레이스 4개 패턴(시접 0.5cm 포함)
기본 도구	실, 바늘, 패브릭 펜, 시침핀

실물 도안 별지

How to make

01 원단의 겉과 겉이 마주 보게 둔 뒤 패턴을 옮겨 그려주세요. 목 안감은 1장입니다.

02 원단이 움직이지 않게 주의하여 그려둔 선대로 잘라주세요. 주름을 잡아두면 좌우가 헷갈릴 수 있으니 상체의 뒷면과 치마 뒷면에 직각선을 표시해주세요.

03 치마의 상단을 2줄 홈질하여 주름을 잡아둡니다. 뒷면의 여밈 부분은 주름이 잡히지 않도록 주의해주세요.

04 상체와 길이를 맞춘 뒤 치마의 옆선을 확인하여 시침해둡니다.

05 주름이 몰리지 않도록 주의하여 꿰매주세요. 이때 박음질로 해주는 것이 좋습니다.

06 연결한 뒤 상체 쪽으로 시접을 두고 다림질해줍니다.

07 앞과 뒤의 겉면이 마주 보게 둔 뒤 어깨선을 시침한 뒤 퀘매줍니다.

08 시접은 좌우로 벌러 다림질해 주세요.

09 레이스의 겉과 소매의 겉이 마주 보게 둔 뒤 바느질해주세요.

10 시접이 위로 향하게 한 뒤 홈질하여 시접을 고정해주세요.

11 연결된 바느질선을 다림질해 주세요.

12 원단의 겉과 겉을 마주 보게 둔 뒤 소매, 몸판의 옆선을 시침질해 주세요.

13 소매부터 시작해서 촘촘히 바느질해주세요. 겨드랑이의 각진 부분은 박음질해주세요.

14 목 안감과 패턴을 준비해주세요.

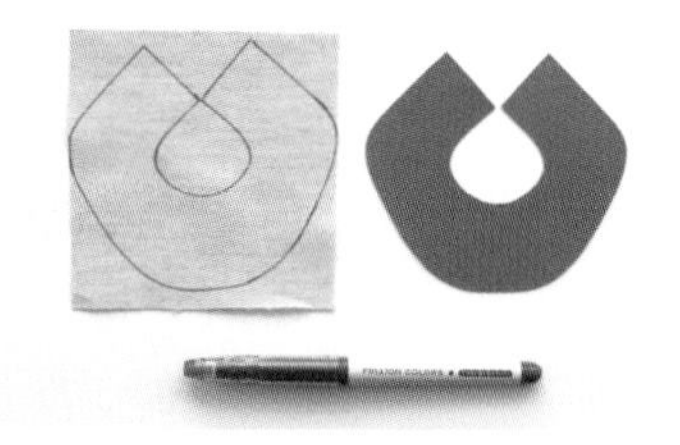

15 패턴을 옮겨 그려주세요.

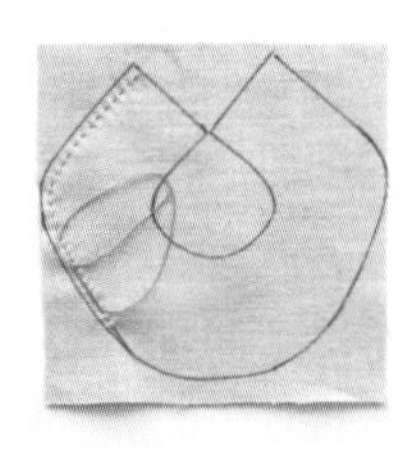

16 완성선 안 0.2cm 선을 촘촘히 꿰매주세요.

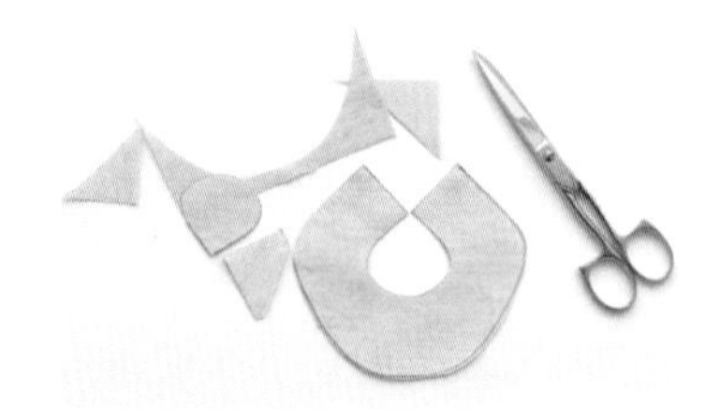

17 완성선을 잘라주세요.

18 목 중심선을 먼저 맞춰준 뒤 좌우를 맞춰줍니다.

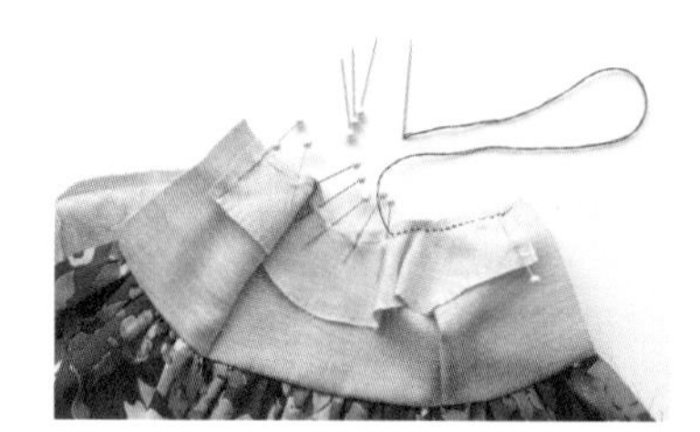

19 뒤 여밈 시접은 1cm입니다. 딱 맞지 않아도 레이스를 붙여 마감할 때 조절해주면 됩니다.

20 목선이 늘어지지 않도록 주의하여 바느질선을 다림질해주세요.

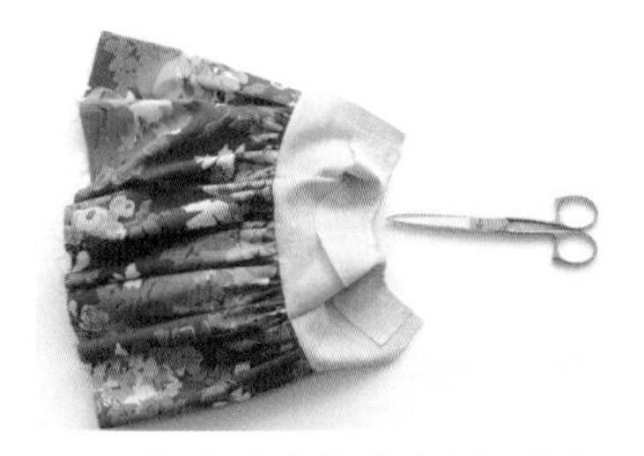

21 목의 곡선에 가윗밥을 넣어주세요.

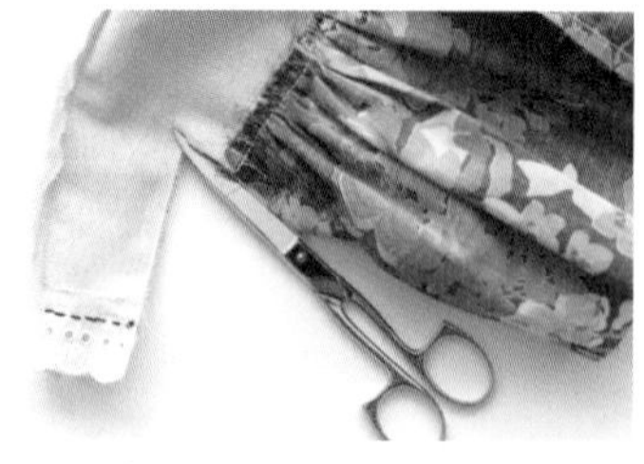

22 겨드랑이의 각진 부분에 가윗밥을 넣어주세요.

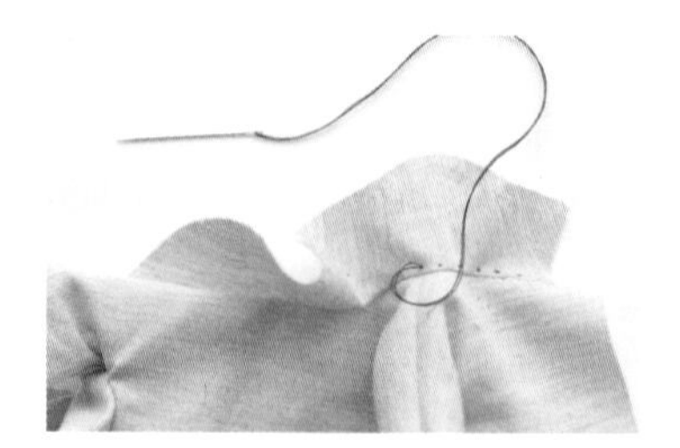

23 목선의 시접은 안감 쪽으로 바느질하여 고정해주세요.

24 다림질하여 안감이 뒤집어지지 않도록 고정해주세요.

25 면을 돌돌 말아 목선에 넣어 다림질해주면 목선과 어깨선이 눌리지 않아 더 예쁘게 나옵니다.

26 밑단을 두 번 접어 다림질해주세요.

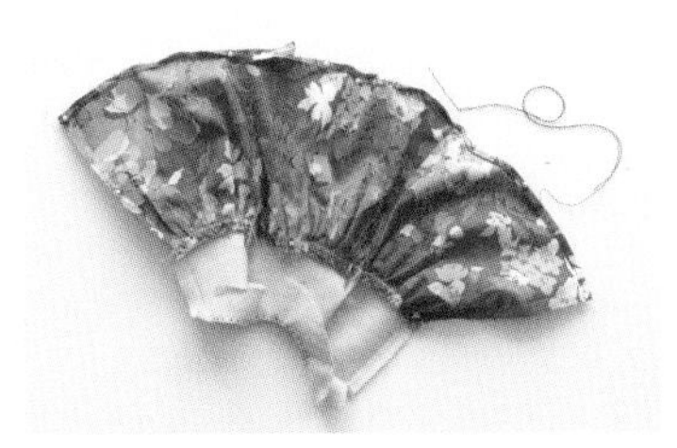

27 시침한 뒤 꿰매줍니다.

28 여밈 시접을 1cm 접어 다려주세요.

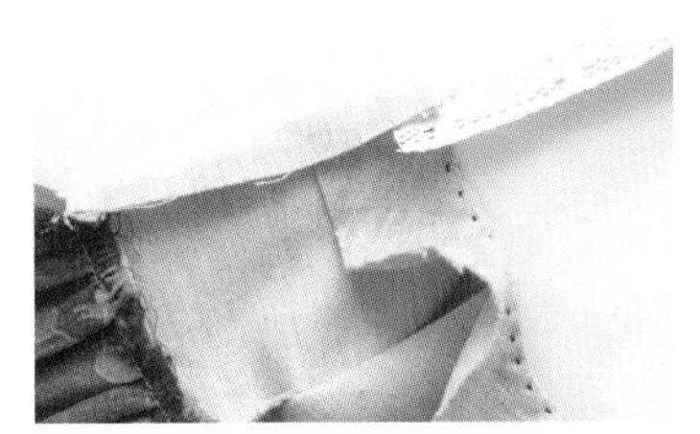

29 토션 레이스를 접어둔 시접 안쪽에 넣어 고정해주세요.

30 접어둔 여밈선과 겹쳐 토션 레이스를 시침한 뒤 꿰매줍니다. 끝은 접어 넣어 꿰매주세요.

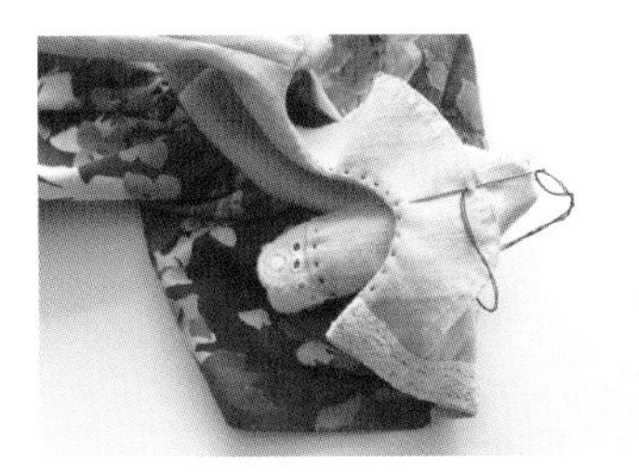

31 목안감이 움직이지 않도록 어깨 시접에 두어 번 정도 꿰매어 고정해주세요.

32 바느질선이 울지 않게 다림질해주세요.

33 스냅단추 3개를 꿰매어 붙여 주세요.

34 완성

랩 원피스

Ready

준비물 상단용_ 폭 34cm, 길이 19cm 퓨어린넨(또는 20수 혹은 30수 면) 1장

치마용_ 폭 54cm, 길이 16cm 30수 혹은 40수 면 1장

10cm 여밈용 토션 레이스 4개

패턴(시접 0.5cm 포함)

기본 도구 실, 바늘, 패브릭 펜

실물 도안(p.236)

How to make

01 상체용 원단 겉과 겉이 마주 보게 두고 패턴을 준비해주세요.

02 패턴을 옮겨 그려줍니다.

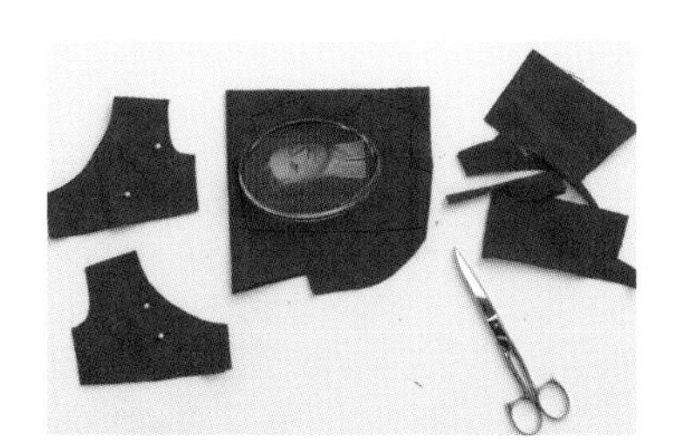

03 원단이 움직이지 않도록 주의하여 그려준 선대로 잘라줍니다(뒤 2장, 앞 4장).

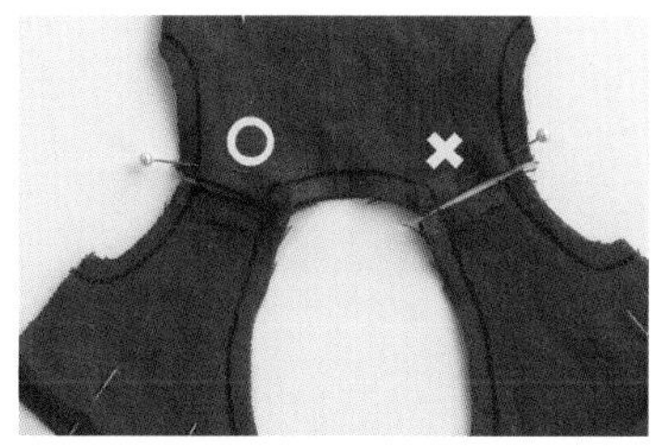

04-1 어깨선은 뒤집어 연결되기 때문에 앞뒤 어깨선은 동일하게 맞춰주세요. 좌우는 약간 달라도 관계없으나 앞뒤 어깨선은 꼭 맞춰줘야 합니다.

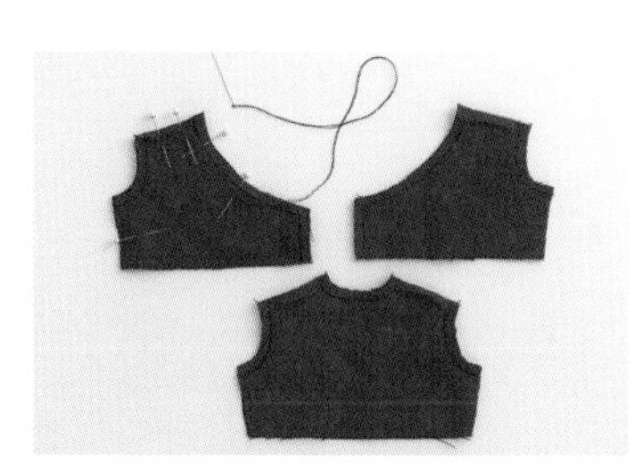

04-2 어깨선의 시접 0.5cm를 접어 시침핀으로 고정한 뒤 목선, 앞선, 겨드랑이 선을 촘촘히 꿰매줍니다.

05 어깨 시접과 바느질선을 다림질해주세요.

06 목 부분은 완성선에서 시접 쪽 0.2cm 선을 홈질해주면 늘어짐이 방지됩니다.

07 뒤집어 다림질해 완성선을 정리해주세요.

08 여밈이 가운데로 오게 하고 겉과 겉을 마주 보게 둔 뒤 마주 본 부분을 연결해주세요. 같은 색 실로 끝부분은 살짝 떠올려 꿰매주세요. 바느질에 자신이 없다면 너무 깊게 바늘이 들어가지 않게 하여 뒤 꿰매주면 됩니다.

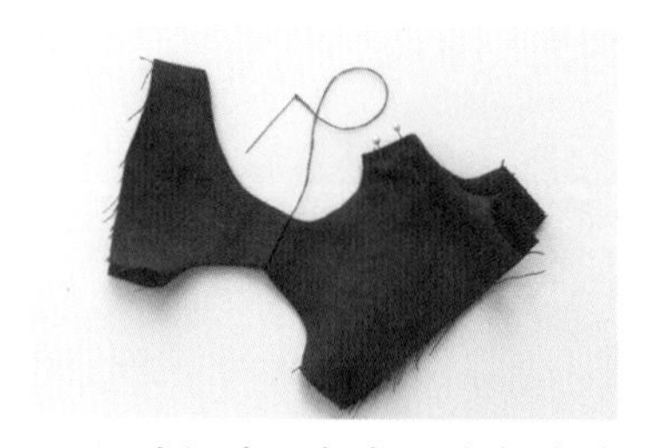

09 실을 자르지 말고 펼친 뒤 나머지 부분을 공그르기 또는 감침질로 꿰매주세요.

10 어깨선이 바느질되어 사진과 같은 모양이 나와야 합니다.

11 8번 면이 바깥이 되어야 하지만, 좀 더 예쁘게 바느질된 면을 겉으로 정해주고 밑단 시접 0.5cm를 안으로 접어 다림질해주세요.

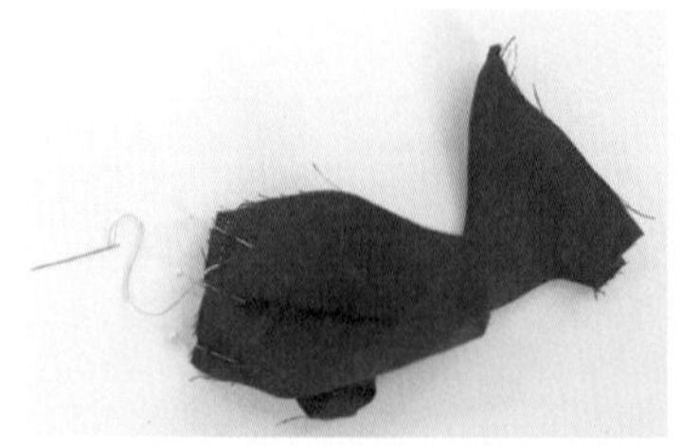

12 옆선을 연결해주세요. 다림질선을 펼쳐 끝까지 꿰매주세요. 시접은 좌우로 벌려줍니다.

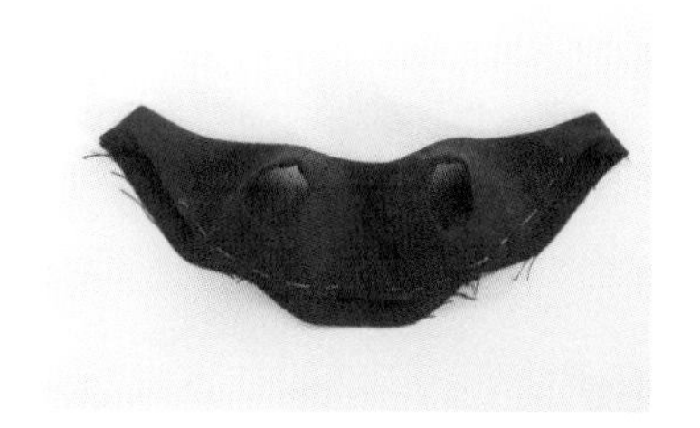

13 다림질해둔 시접이 펼쳐지지 않도록 시침질해 고정해주세요.

14 치마로 사용될 원단을 준비해주세요. 패턴은 따로 없이 그대로 사용합니다. 안쪽이 보이게 하여 좌우 옆선을 0.5cm 접어 다림질해주세요.

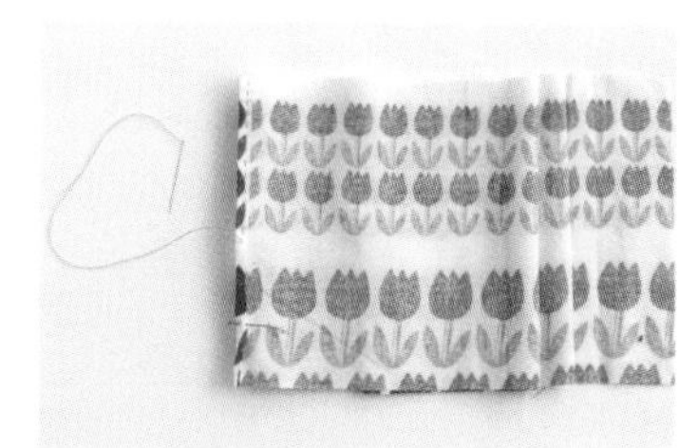

15 홈질하여 꿰매줍니다.

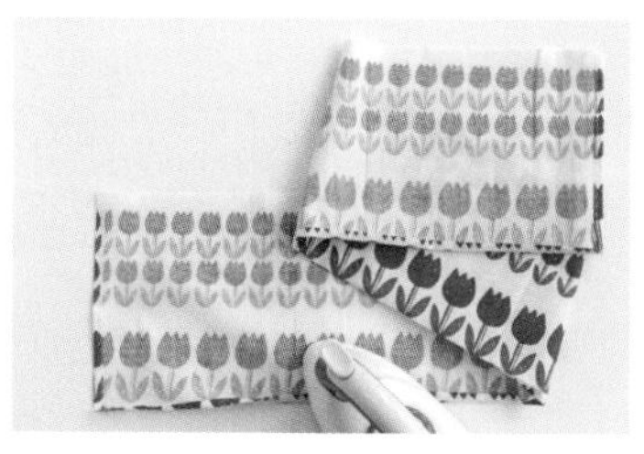

16 밑단 시접 0.5cm를 두 번 접어 다림질해주세요.

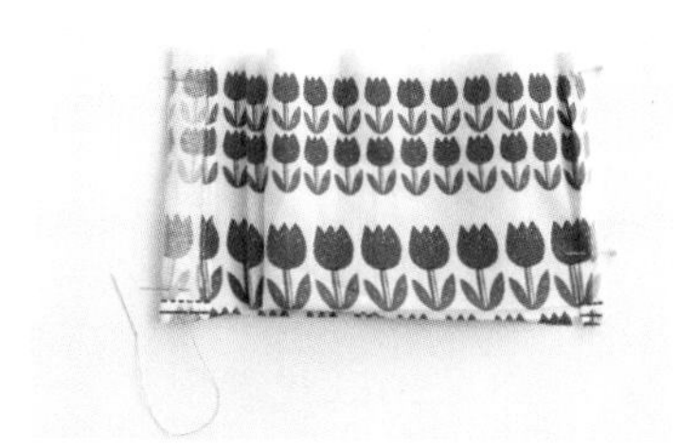

17 겉면이 보이도록 놓은 뒤 사진에서 보이는 왼쪽은 2cm, 오른쪽은 1cm를 접은 후 밑단 완성선을 꿰매주세요.

18-1 꿰매둔 여밈선 밑단을 잘라주세요.

18-2 여밈 끝선에서 안쪽으로 0.5cm를 남기고 잘라야 합니다.

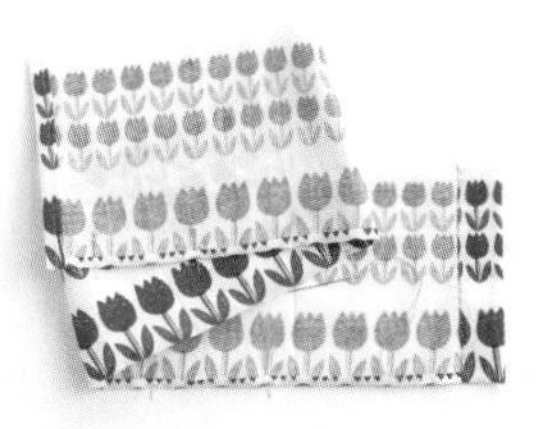

19 다림질해둔 밑단을 꿰매줍니다.

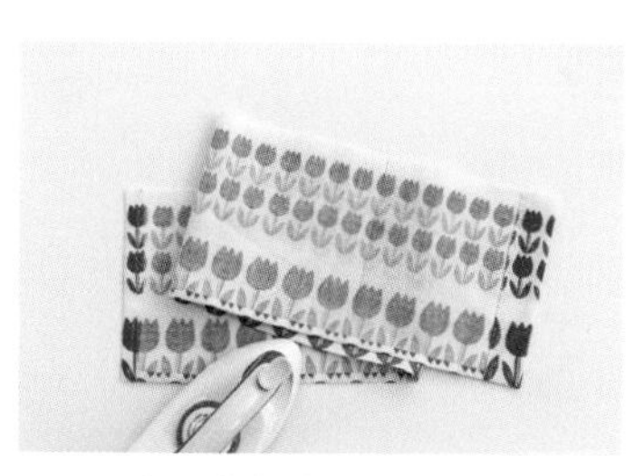

20 바느질선이 울지 않도록 다림질해주세요.

21 사진과 같은 모습이 나오도록 해주세요. 여밈의 밑단을 끝까지 자르지 않는 이유입니다.

22 치마의 윗부분을 2줄 홈질하여 주름을 잡아주세요. 시접이 0.5cm이므로 홈질선이 시접을 넘지 않도록 해주어야 합니다.

23 상체의 밑단과 맞춘 주름이 골고루 퍼지도록 송곳이나 바늘귀가 큰 바늘로 조절해주세요.

24 상체의 안감 겉과 치마의 안을 마주 보게 둔 뒤 시침해주세요.

25 여밈선의 길이가 맞는지 확인해주세요. 안쪽 여밈이 짧은 것은 관계없지만, 길면 시접을 조절해주세요.

26-1 주름이 뭉치지 않도록 주의하여 촘촘히 꿰매주세요. 이때 박음질로 해주는 것이 좋습니다.

26-2 주름이 많아 상체의 시접과 치마의 시접이 어긋날 수 있으니 중간중간 확인해주세요.

27 시접이 몸체 쪽으로 들어가게 한 뒤 다려둔 겉면을 시침하여 고정해주세요.

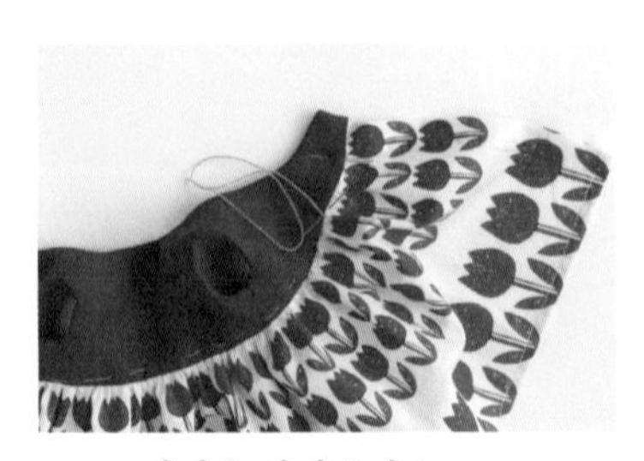

28 겉면을 꿰매주세요.

29 안쪽에 여밈용 토션 레이스를 고정해주세요. 끝선이 보이지 않게 하려면 레이스를 몸체 쪽으로 펼쳐 꿰매준 뒤

30 실을 끊지 않고 레이스를 바깥쪽으로 펼쳐 고정해주세요.

31 바깥쪽에도 여밈용 토션 레이스를 꿰매어 완성해주세요.

몸빼

Ready

준비물	폭 42cm, 길이 22.5cm 40수 면 1장 25cm 고무줄 옷핀 패턴(시접 0.5cm 포함)
기본 도구	실, 바늘, 가위, 패브릭 펜, 시침핀

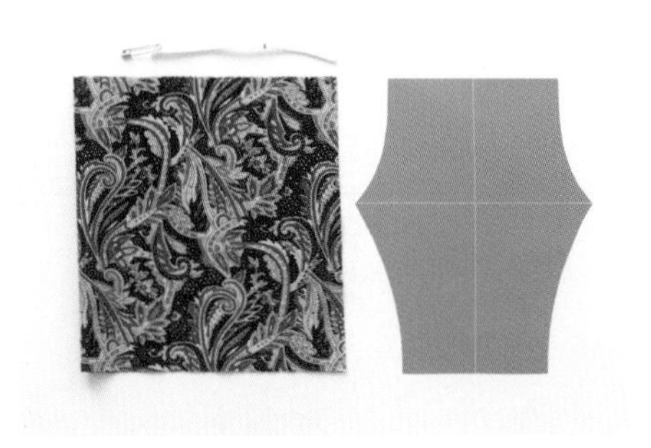

실물 도안 별지

How to make

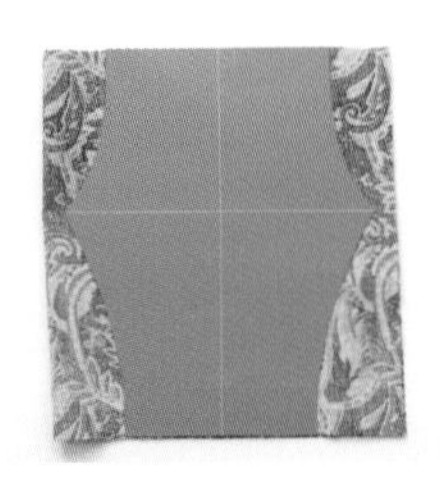

01 원단의 겉과 겉을 마주 보게 둔 뒤 패턴을 준비해주세요.

02 시접(0.5cm)이 포함된 패턴입니다. 패턴을 옮겨 그려주세요.

03 그려진 선을 따라 가위로 잘라주세요.

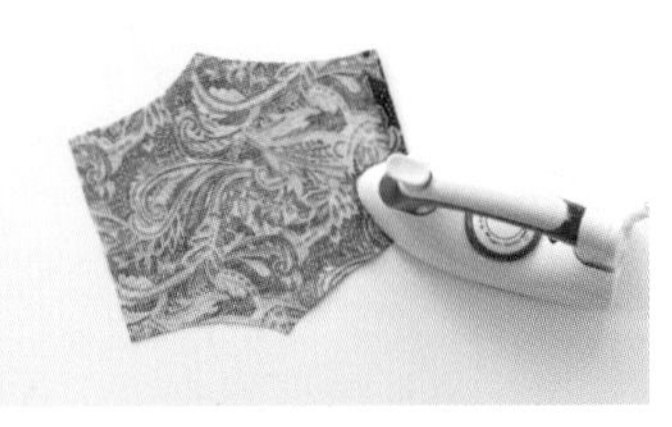

04 밑단을 0.5cm 한 번, 0.7cm 한 번, 총 두 번 접어 다림질해주세요.

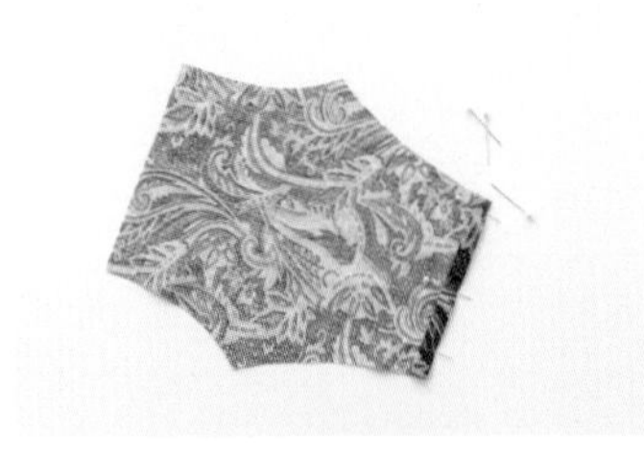

05 접어둔 밑단을 시침으로 고정해주세요.

06 홈질로 촘촘히 꿰매주세요.

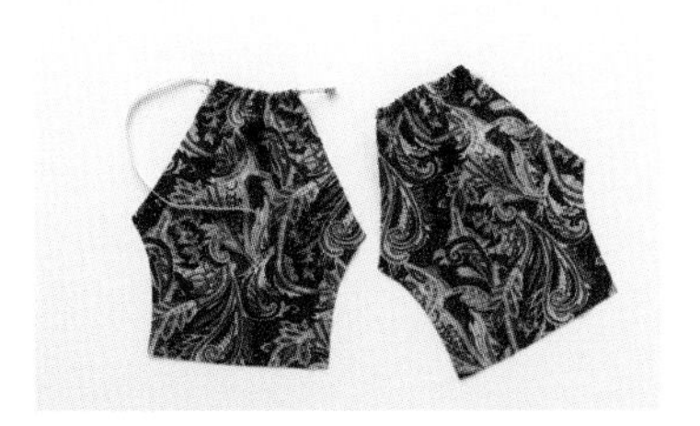

07 고무줄을 넣은 뒤 앞과 뒤를 원단과 함께 꿰매어 고정해주세요. 고무줄 길이는 7cm로 해주고, 미리 고무줄에 7cm 선을 표시해주면 편합니다.

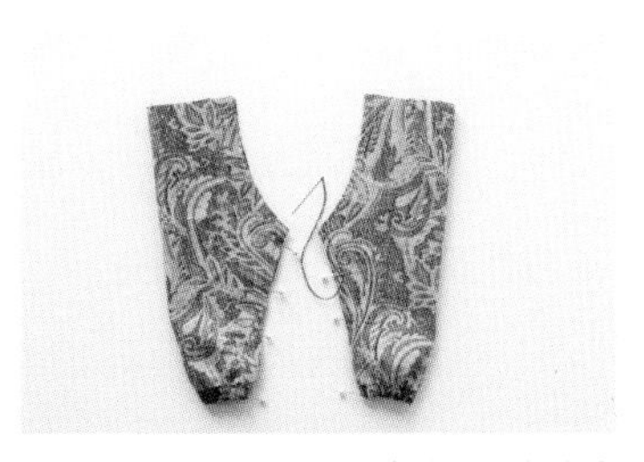

08 좌우 두 개의 옆선을 시침한 후 촘촘하게 꿰매주세요. 중간중간 반박음질로 바느질선을 고정해주세요. 꿰맨 옆선을 손다림으로 정리하면서 시접 방향은 서로 반대가 되게 해주세요.

09 뒤집어 겉면이 드러난 한쪽을 뒤집지 않은 한쪽 중심에 맞춰 넣어 겉과 겉이 마주 보게 해주세요.

10 앞과 뒤 중심선을 시침하여 고정해주세요.

11 촘촘히 꿰매주세요.

12 안쪽 면이 보이게 완전히 뒤집어준 뒤 허리를 0.5cm 한 번, 1cm 한 번, 총 두 번 접은 뒤 시침하여 고정해주세요.

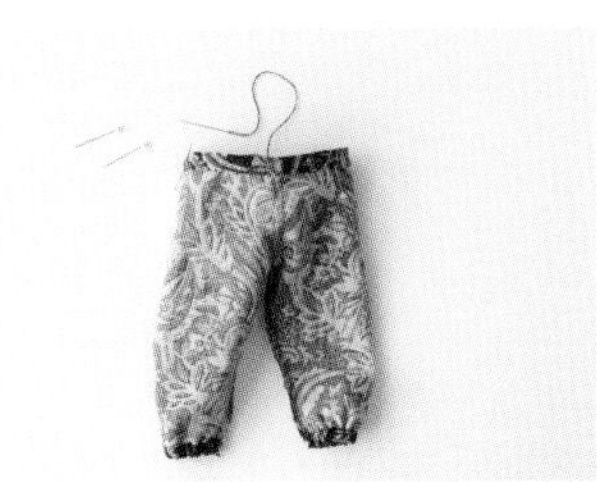

13 창구멍을 남기고 홈질로 촘촘히 꿰매주세요. 실 색상은 포인트가 되는 색을 선택해도 좋습니다. 중심선 시접은 한 방향으로 접어주세요.

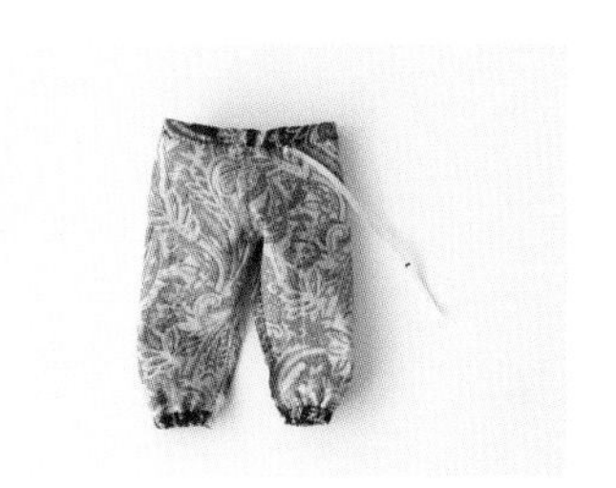

14 준비된 고무줄 끝을 옷핀에 끼운 뒤 창구멍을 통해 넣어주세요. 고무줄은 길이 10cm를 사용하며, 10cm 선을 표시해두면 편리합니다. 시접이 한 방향으로 접히지 않으면 옷핀이 중간에 걸려 잘 빠지지 않을 수 있으니 시접 방향에 신경 써주세요.

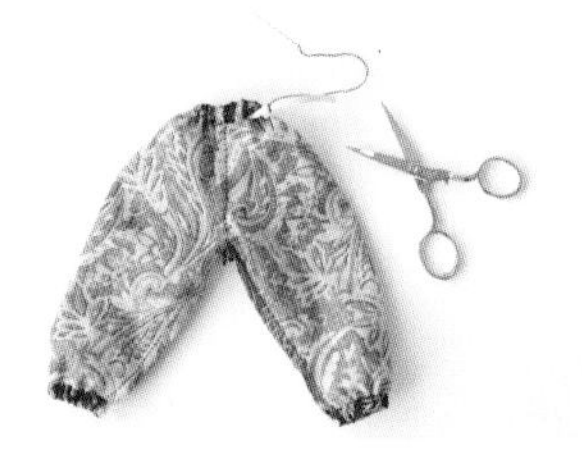

15 창구멍에서 만난 처음과 끝을 매듭지어 주거나, 두어 번 꿰매 고정해준 뒤 나머지를 잘라주세요. 창구멍을 홈질로 막아주세요.

16 완성

치마바지

Ready

준비물 폭 46cm, 길이 40cm 40수 면 1장
허릿감용_ 폭 3.5cm, 길이 25cm 40수 면 1장
20cm 내외 고무줄
옷핀 또는 고무줄 끼우개
패턴(시접 0.5cm 포함)

기본 도구 실, 바늘, 가위, 패브릭 펜, 시침핀

실물 도안 별지

How to make

01 원단을 겉과 겉이 마주 보게 둔 뒤 식서 방향으로 반으로 접고 패턴을 준비해주세요.

02 시접이 포함된 패턴입니다. 패턴과 동일한 사이즈로 그려주세요.

03 그려진 선을 따라 가위로 잘라주세요. 총 8장이 나오며 바느질하는 과정에서 측면이 헷갈리지 않게 밑단에 살짝 표시해주세요. 별도의 시접 처리는 하지 않습니다.

04 바지 밑단의 위쪽 시접에 홈질하여 주름을 잡아줍니다(p.45 주름잡기 참고).

05 주름은 바지 상단의 밑과 같은 길이로 맞춰주세요(앞, 뒷면 총 4장).

06 밑단과 상단을 시침핀으로 고정해주세요. 이때 주름이 한쪽으로 몰리지 않도록 주의해주세요.

07 박음질로 꿰매주세요. 바늘땀이 크지 않게 주의합니다. 바느질은 상단 쪽에서 진행하면 조금 편안합니다. 나머지 3장도 동일한 방법으로 연결해줍니다(시접은 0.5cm입니다).

08 연결된 부분의 시접이 위로 향하게 한 뒤 다리미 끝으로 다림질해주세요. 약간의 곡선이 있는 패턴이므로 상단이 납작해지지 않도록 주의해주세요. 주름 부분이 다려지면 납작한 주름이 나옵니다.

09 앞면 우측과 뒷면 우측의 겉과 겉을 마주 보게 시침한 뒤 촘촘하게 꿰매줍니다. 이때 바느질선이 울지 않도록 주의해주세요. 시침할 때와 바느질할 때는 연결된 중간 부위를 먼저 맞춰주고 상단에서 하단 순으로 맞춰줍니다(시접은 0.5cm입니다).

10 반대쪽도 촘촘히 바느질해 연결해준 뒤 연결된 바느질선을 손다림으로 정리해주세요.

11 한쪽만 뒤집어 뒤집히지 않은 쪽 안으로 넣어주세요.

12 중심선을 맞추어 시침한 뒤 촘촘히 꿰매주세요.

13 허리 시접을 홈질하여 약 12cm(총 24cm)로 맞춰주세요. 이때 주의할 점은 허리가 허리 감보다 작지 않게 해줘야 합니다.

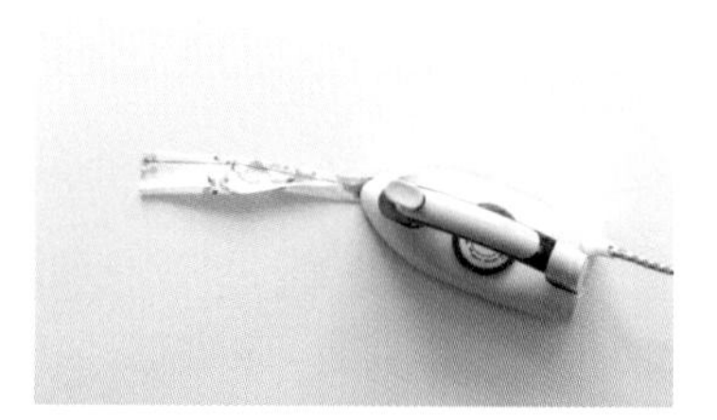

14 허리 감을 준비해주세요. 겉에서 안쪽 방향으로 0.5cm 접어 다리고, 시접 0.5cm를 남기고 한 번 더 접어 다려주세요.

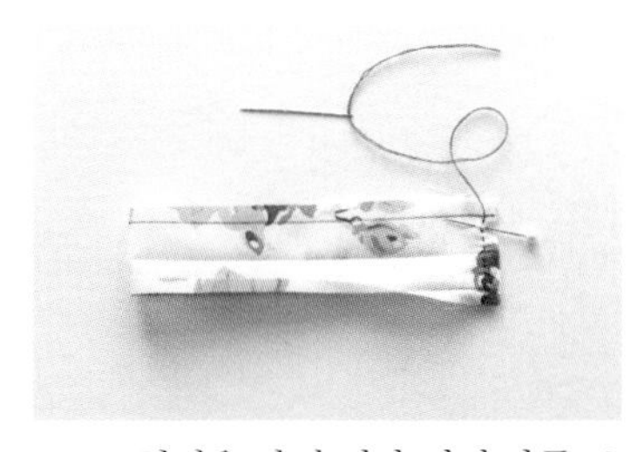

15 허리용 감의 겉과 겉이 마주 보게 한 뒤 좌우를 연결해 꿰매주세요.

16 시접을 좌우로 다림질해주면서 펼쳐진 다림선을 다시 접어주세요.

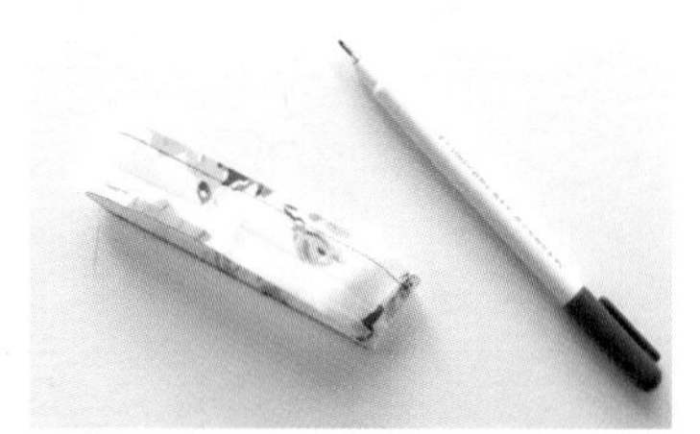

17 허리의 연결선을 기준으로 4등분하여 표시해주세요.

18 바지를 안감이 겉으로 나오게 하여 허리 감 4등분선에 맞춰 시침한 후 꿰매주세요. 허리 감의 겉과 바지의 안이 마주 보게 하고 다려지지 않은 쪽을 허리선에 맞춰주세요.

19 바지를 뒤집어 다려두었던 선을 접어 시침한 뒤 창구멍 1.5cm를 남기고 홈질해주세요.

20 옷핀에 고무줄을 연결해 창구멍으로 넣어주세요. 고무줄이 꼬이지 않도록 주의하고, 고무줄에 앞부분과 12cm 선을 미리 표시해주면 좋습니다.

21 반대편으로 나온 고무줄에 미리 표시해둔 앞선과 12cm 선이 위아래로 겹치게 놓아 두어 번 꿰매어 연결한 뒤 나머지 고무줄은 잘라주세요.

22 창구멍을 막아주세요.

23 바지 밑단의 시접을 0.5cm씩 두 번 접어 바늘땀이 0.5cm가 넘지 않도록 주의하며 꿰매줍니다(안쪽에서 바느질할 경우 넓은 땀이 안으로 보이게 해주세요).

24 바느질선을 다림질로 정리해 주세요.

25 완성

조끼

Ready

준비물 폭 25cm, 길이 10cm 11수 퓨어린넨 1장
폭 25cm, 길이 10cm 20수 면 1장
스냅단추
패턴(시접 0.5cm 포함)

기본 도구 실, 바늘, 가위, 패브릭 펜, 시침핀, 겸자

실물 도안(p.234)

How to make

01 원단의 겉과 겉을 마주 보게 한 뒤 패턴을 옮겨 그려주세요.

02 시접이 포함된 선입니다. 그려둔 선을 따라 가위로 잘라주세요.

03 겉감 3장, 안감 3장이 나옵니다. 무지 원단을 사용할 경우 겉과 안의 구분이 어려울 수 있으니 자른 즉시 표시해두세요.

04 안감의 앞뒤 어깨와 겉감의 앞뒤 어깨를 시침한 뒤 꿰매어주세요. 이때 시접은 꿰매지 않습니다.

05 바느질한 어깨선의 시접을 좌우로 펼쳐 다림질해주세요. 시접의 양이 적기 때문에 비비면 시접이 흐트러질 수 있으니, 꾹꾹 누르듯 다려주세요.

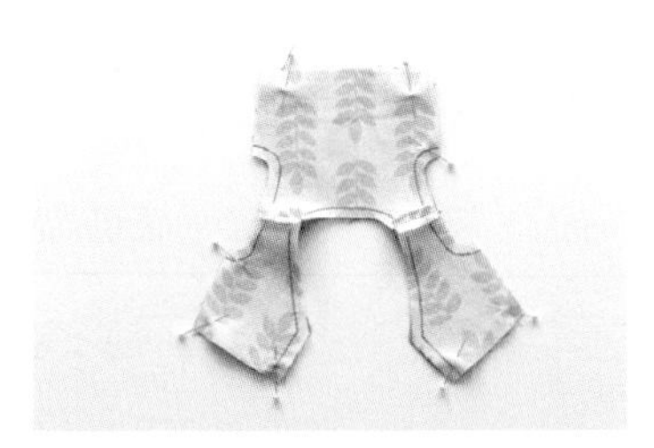

06 어깨선을 꿰맨 안감과 겉감의 겉을 마주 보게 겹친 뒤 암홀과 목, 앞선을 시침해두세요. 사진에 표시된 선만 꿰매줍니다.

07 시침해둔 선을 촘촘히 꿰매어 연결해주세요. 빨간색 선만을 꿰매주세요.

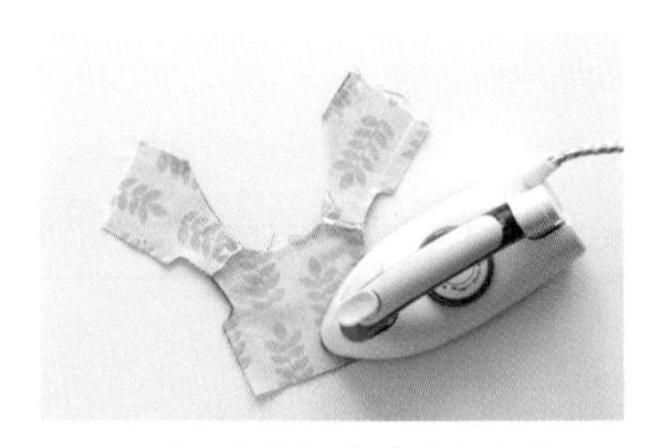

08 바느질선을 다림질해주세요.

09 붉은 점으로 표시된 암홀 선에는 V자로 2개 정도 가윗밥을 줍니다. 직선 부분의 암홀은 1자 가윗밥 3개, 뒷목은 1자 가윗밥을 5개 정도 넣어주세요. 앞 네크라인은 늘어질 수 있으니 가윗밥을 넣지 않습니다. 재봉선이 잘리지 않게 주의하며, 옆선과 암홀이 만나는 부분은 가윗밥을 넣지 않습니다.

10 앞선과 목선을 안감에서 겉감 쪽으로 접어 다림질해줍니다.

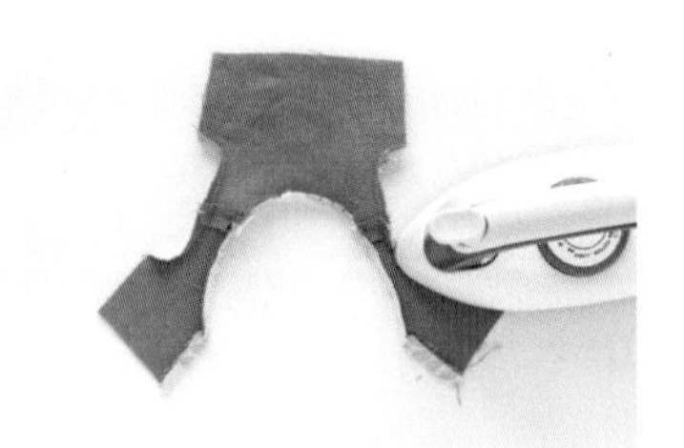

11 암홀 선도 안감에서 겉감 쪽으로 접어 다림질해주세요.

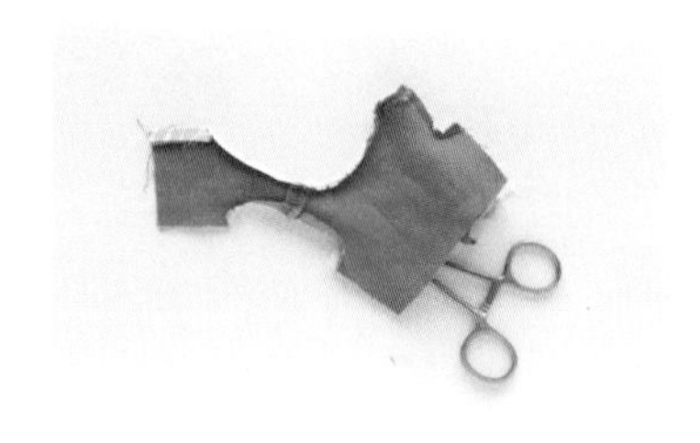

12 겸자를 이용해 뒷면에서 앞섶을 꺼내주세요. 원단이 늘어지지 않도록 주의합니다.

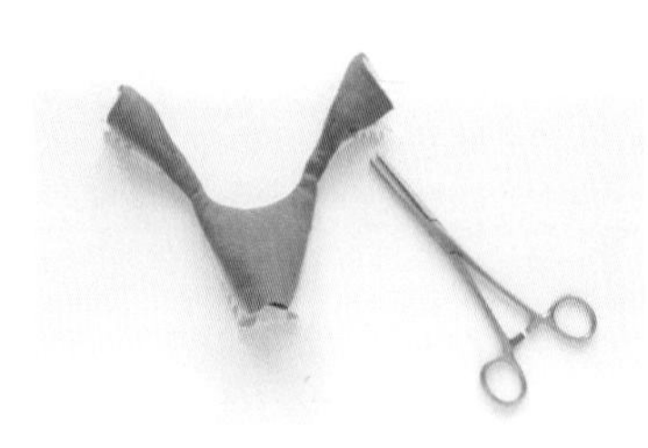

13 뭉쳐진 원단을 잘 펴주세요.

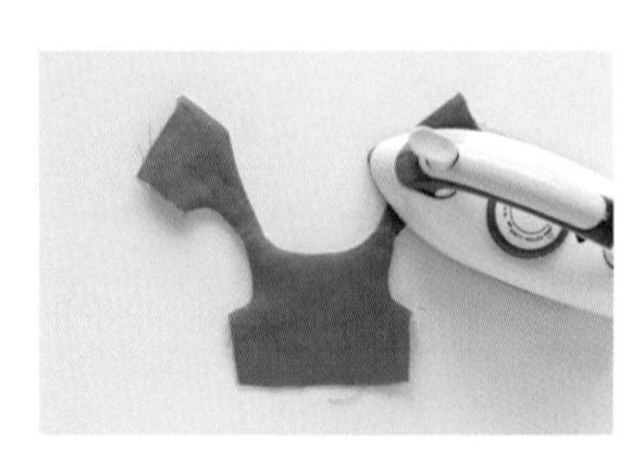

14 꾹꾹 누르듯 다림질해주세요. 비벼서 다림질할 경우 원단이 늘어날 수 있습니다.

15 겉감은 겉감끼리, 안감은 안감끼리 겉면이 마주 보게 옆선을 연결해주세요. 겉감부터 시작하여 안감의 옆선을 한 번에 연결해주고, 시접은 안감 쪽으로 향하도록 해주세요.

16 시접은 좌우로 갈라 준비해두세요.

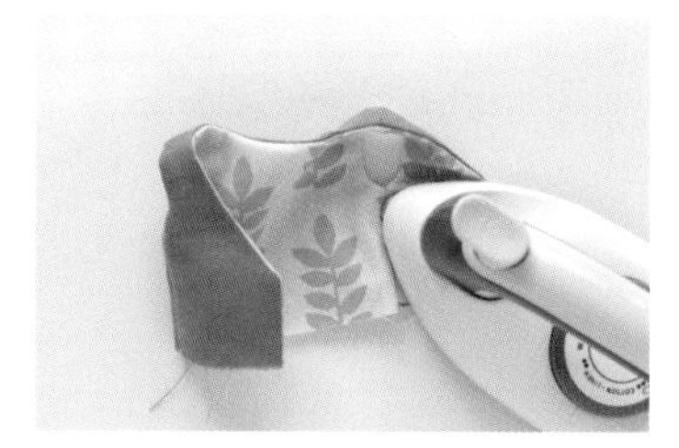

17 겉면이 드러나게 한 뒤 다림질해주세요. 옆선의 시접은 안에서 다리기 힘들기 때문에 밖에서 다려줍니다. 시접이 다시 접히지 않게 주의해주세요.

18 좌우를 겹쳐 밑단의 시접이 잘 맞는지 확인하고, 맞지 않으면 짧은 쪽으로 길이를 맞춰주세요. 0.5cm 시접 라인을 잘 지키면 거의 맞게 됩니다.

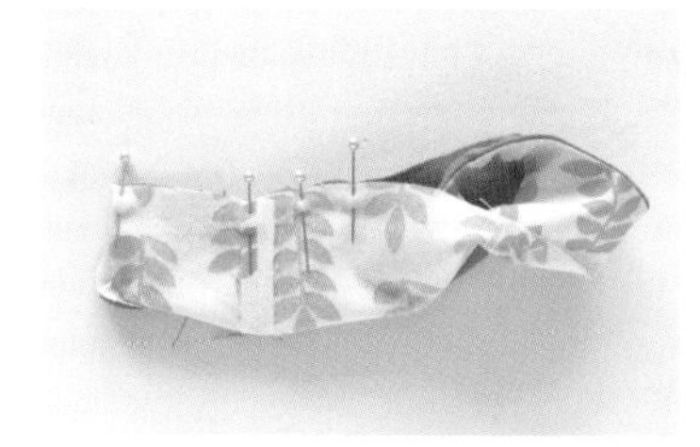

19 밑단을 뒤집어 어깨 라인을 안으로 넣어준 뒤 밑단을 시침하여 고정해주세요.

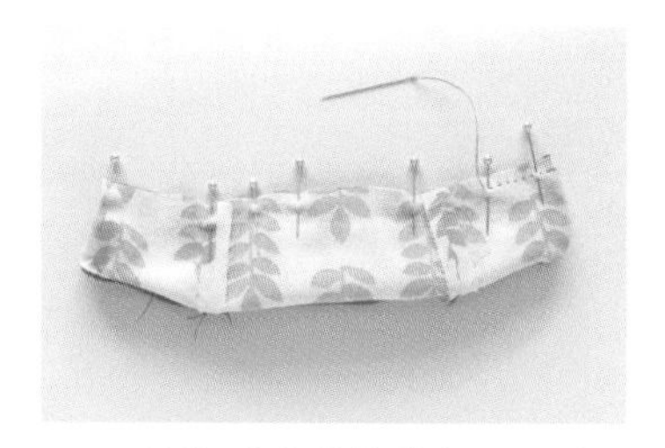

20 등쪽 밑단 부분에서 2cm 정도의 창구멍을 남기고 촘촘하게 꿰매줍니다.

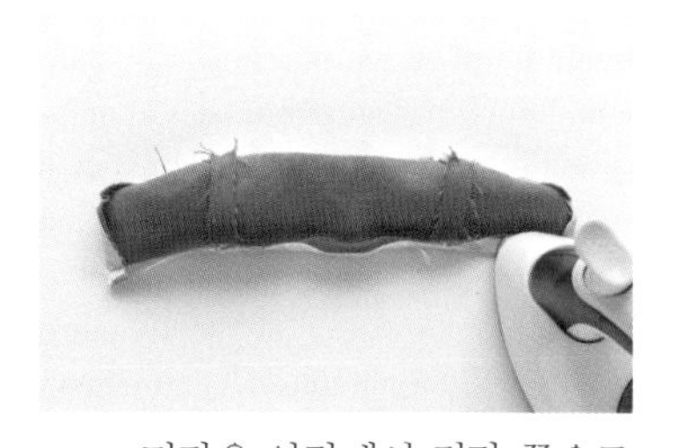

21 밑단을 안감에서 겉감 쪽으로 0.5cm 접어 다려두세요. 이때 앞선의 시접은 겉감 쪽으로 접어 밑단 선과 함께 다려줍니다.

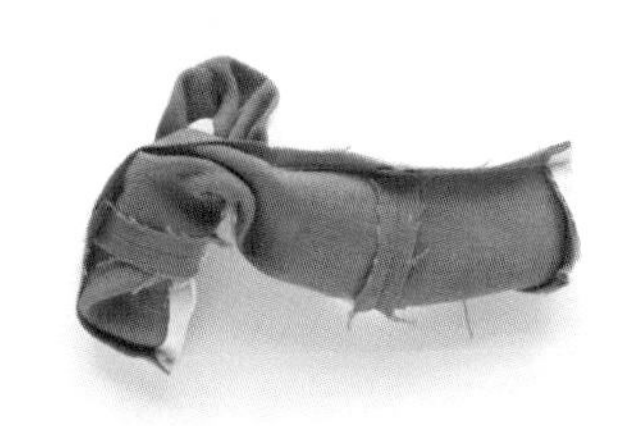

22 창구멍을 통해 뒤집어주세요. 창구멍이 그다지 크지 않기 때문에 살살 뒤집지 않으면 밑단이 늘어질 수 있습니다.

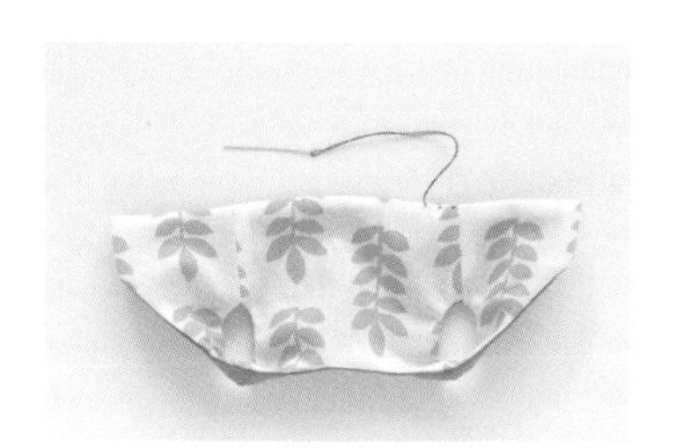

23 안감 쪽에서 창구멍을 막아주세요. 실밥이 겉감 쪽에서 보이지 않도록 꿰매주세요.

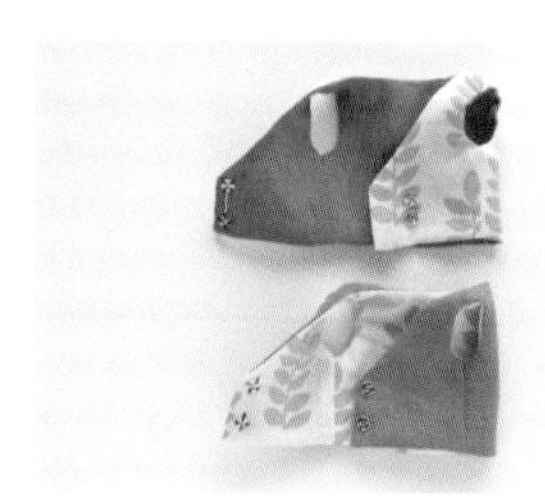

24 겉섶의 안감에 0.5cm 선을 그려준 뒤 볼록 튀어나온 스냅단추 2개를 달아주세요. 반대쪽은 겉섶을 안섶 위에 올려둔 뒤 꾹 누르면 달아두었던 스냅단추의 자국이 남습니다. 그곳에 오목하게 들어간 스냅단추를 달아주세요. 무늬가 있는 원단을 사용하여 마음에 드는 방향을 겉면으로 선택해도 좋습니다.

25 완성

보닛

심플한 보닛과 토끼 귀 보닛
보닛을 만드는 과정에 토끼 귀 모양을 달아주면
예쁜 토끼 귀 보닛을 만들 수 있습니다.

Ready

준비물 폭 40cm, 길이 25cm 20수 면 1장
10cm 여밈용 토션 레이스 2개(폭이 1cm 이상일 경우 조금 더 길어져야 합니다.)
장식용 레이스 약간
패턴(시접 0.5cm 포함)

기본 도구 실, 바늘, 가위, 패브릭 펜, 시침핀

실물 도안(p.235)

How to make

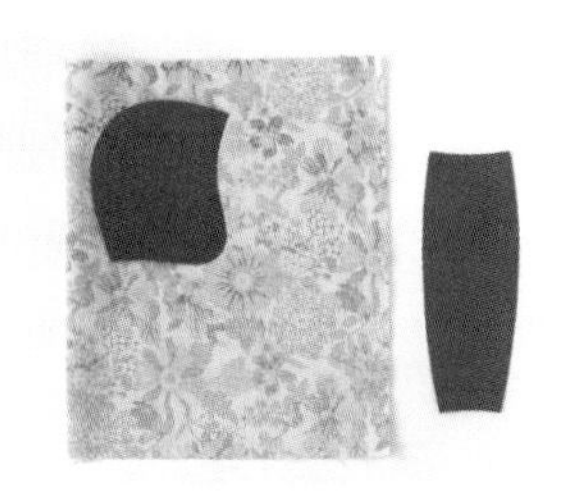

01 원단의 겉과 겉을 마주 보게 한 뒤 패턴을 준비해주세요.

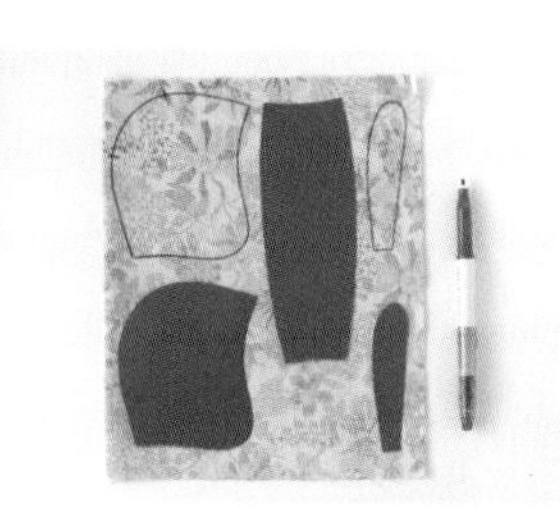

02 패턴에 표시된 맞춤선을 표시해주세요. 보닛의 연결선은 곡선이기 때문에 표시선을 맞춰줘야 비틀어지지 않습니다.

03 옆 4장, 중심 2장으로 총 6장이 나옵니다.

04 겉면 옆 끝선에 여밈용 토션 레이스를 고정해주세요. 레이스가 안쪽으로 향하게 해주어야 합니다.

05 반대편에도 토션 레이스를 고정해주고, 중심 겉면 뒤쪽에 테이프로 장식해주세요.

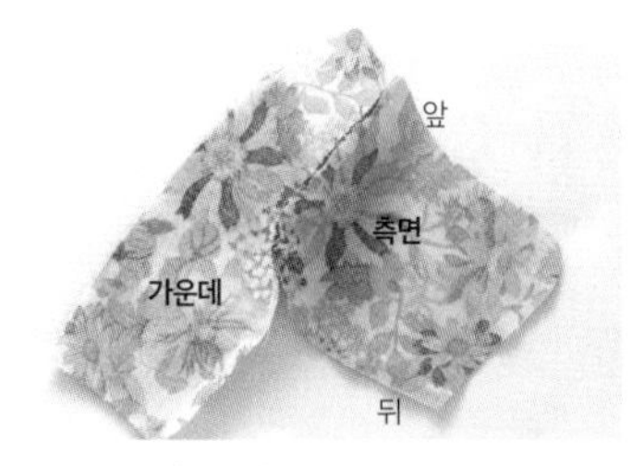

06 표시된 맞춤선을 기준으로 중심과 좌우를 연결해주세요.

07 홈질로 주름이 생기지 않도록 시침으로 촘촘히 고정해주세요.

08 그대로 바느질해도 좋지만, 시침질해서 고정해두면 편하게 바느질할 수 있습니다.

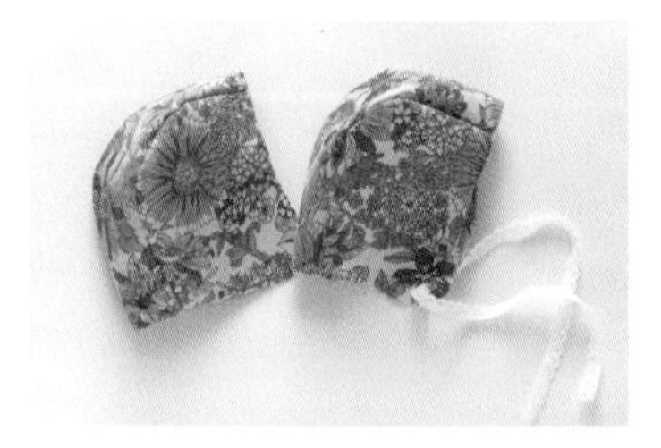

09 안감도 동일하게 바느질해둡니다.

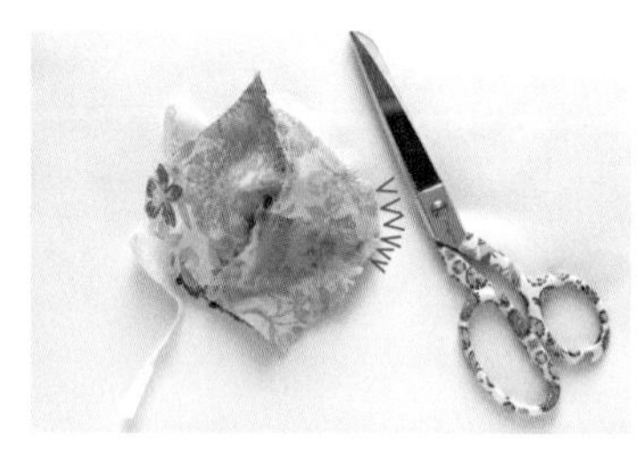

10 시접의 곡선 부분에 V자 가윗밥을 넣어줍니다(겉감과 안감 좌우 총 4곳).

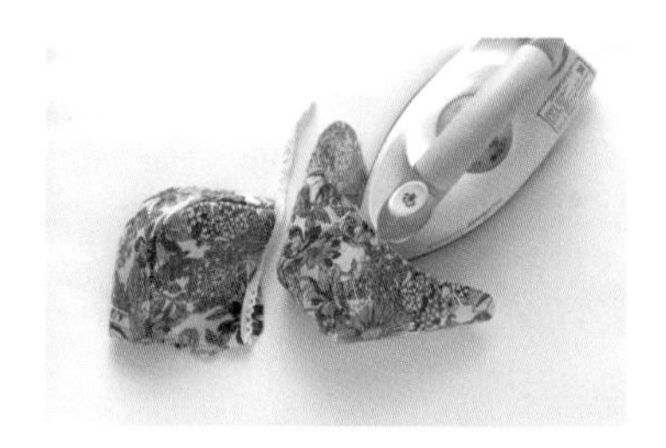

11 시접은 중심에서 바깥쪽으로 접어 다림질해주세요. 곡선 부분에 다리미가 닿지 않으면 손다림으로 꾹꾹 눌러주세요.

12 원단의 겉과 겉을 마주 보게 둔 뒤(시접이 보이게 됩니다.) 뒤편 목 부분에 창구멍을 남기고 촘촘하게 바느질해주세요. 토션 레이스가 바깥으로 나오지 않도록 해주세요.

13 중심과 옆면의 연결된 시접 부분은 꿰매어 고정하고, 창구멍의 시접은 안면과 겉면 2장만 남게 해주면 창구멍을 막을 때 바느질선이 예쁘게 남습니다.

14 완성

토끼 귀 만드는 법

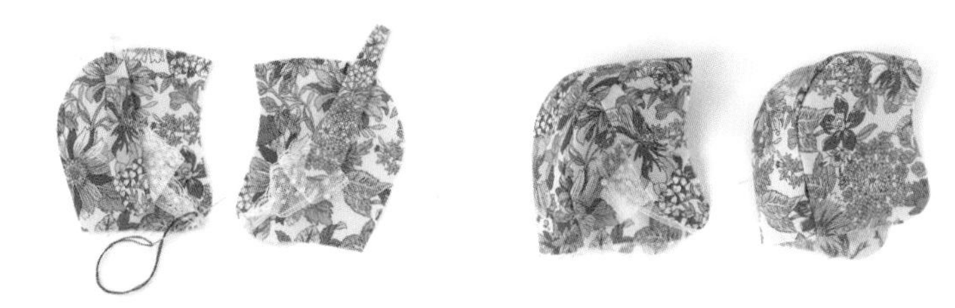

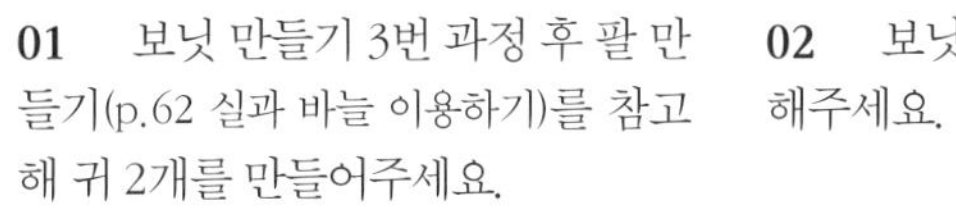

01 보닛 만들기 3번 과정 후 팔 만들기(p.62 실과 바늘 이용하기)를 참고해 귀 2개를 만들어주세요.

02 보닛 만들기 4번 과정 후 앞쪽 맞춤선에 토끼 귀를 대칭이 되도록 고정해주세요.

머플러

Ready

준비물 폭 66cm, 길이 3cm 아사면 1장
패턴(시접 미포함)

기본 도구 실, 바늘, 가위, 패브릭 펜

실물 도안 별지

How to make

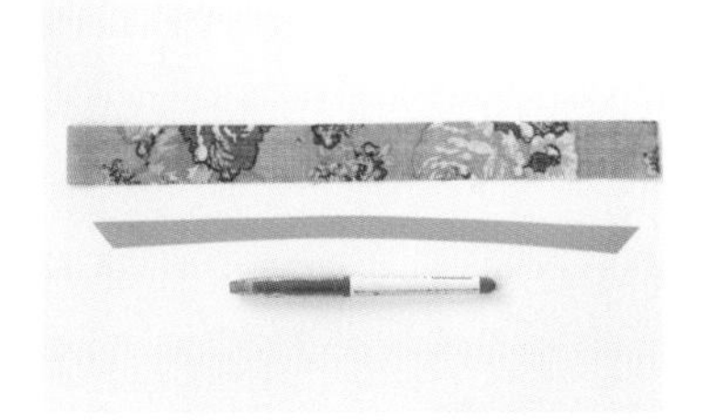

01 원단의 겉과 겉을 마주 보게 접어주세요.

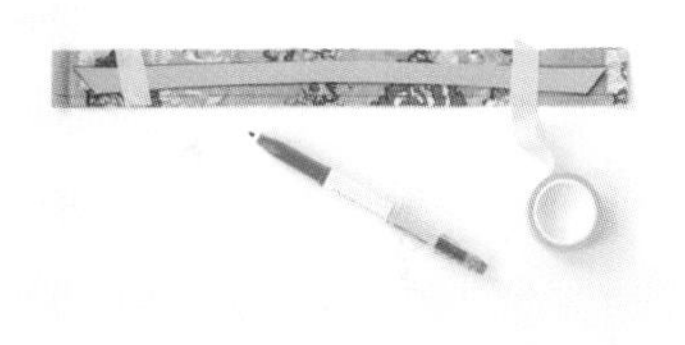

02 패턴을 옮겨 그려주세요. 폭이 좁아 옮겨 그리면서 움직일 수 있으니 주의해주세요(마스킹 테이프로 고정해두면 편합니다).

03 원단이 움직이지 않게 시침질하여 고정해주세요. 머플러의 폭이 좁아 시침핀으로 고정하여 바느질하면 바느질이 밀릴 수 있어요. 이때 완성선 바깥쪽을 흰색 실 1겹으로 미리 시침질해주세요.

04 창구멍을 제외한 나머지 부분을 촘촘히 꿰매주세요.

05 바느질선을 다림질해주세요.

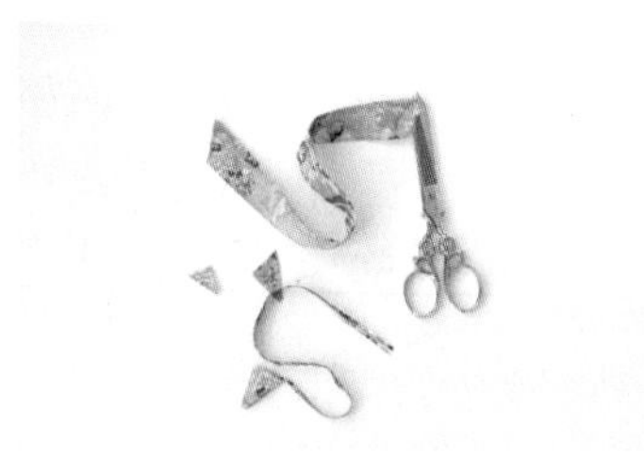

06 시접 0.3cm를 남겨두고 나머지를 잘라주세요. 끝부분의 뾰족한 부분도 0.3cm 시접만 남기고 잘라주세요.

07 시접을 접어 다림질해주세요.

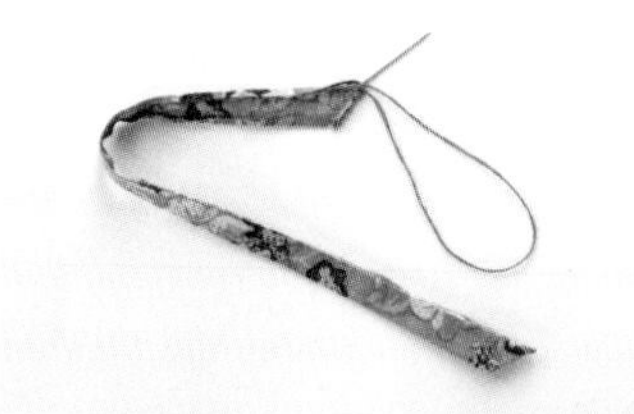

08 끝부분 모서리 쪽 시접을 한 땀 떠서 실을 고정한 후 뾰족한 부분으로 바늘귀를 넣어주세요.

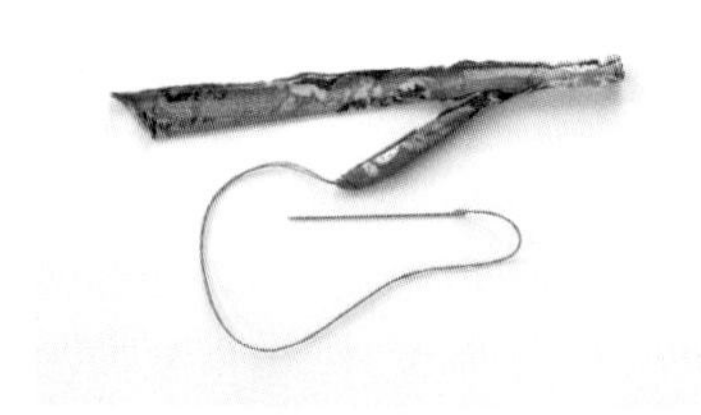

09 살살 당겨 창구멍으로 빼주세요. 세게 당기면 바느질감이 늘어지거나 실이 끊어질 수 있으니 주의하세요.

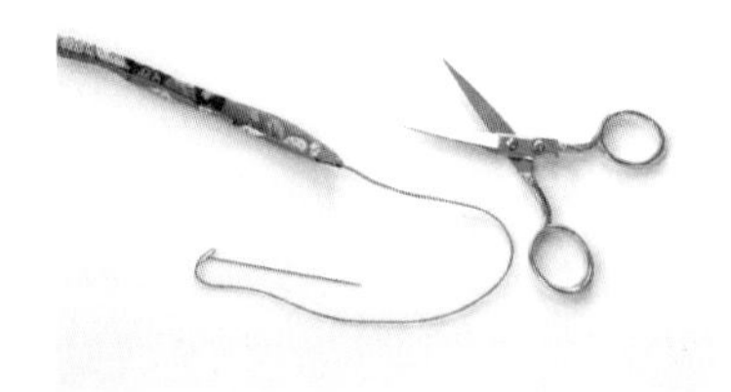

10 반대쪽도 같은 방법으로 뒤집어준 뒤 실을 끊어주세요.

11 손다림으로 박음선을 정리한 뒤 다림질해주세요. 미처 뒤집어지지 않은 부분이 있다면 바늘 끝으로 살살 꺼내주세요.

12 창구멍을 막아주세요.

13 완성

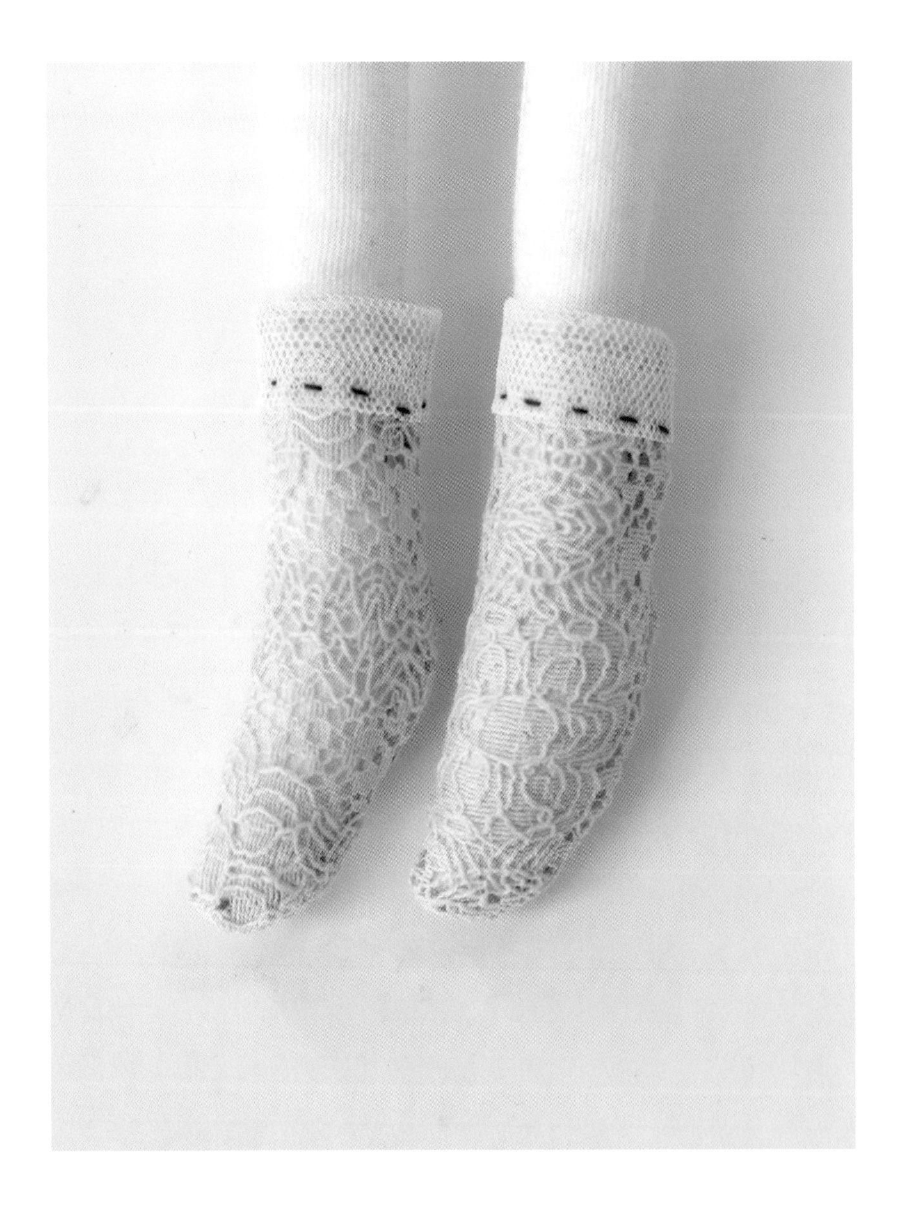

양말

Ready

준비물 폭 10cm, 길이 8cm 스판 레이스 또는 티셔츠 원단 2장(안 입는 티셔츠를 활용해도 좋습니다.)
10cm 스판 레이스
패턴(시접 미포함)

기본 도구 실, 바늘, 가위, 기화펜, 시침핀

실물 도안(p.237)

How to make

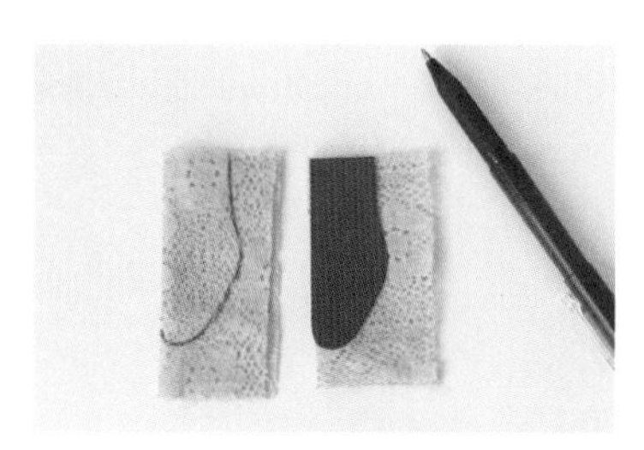

01 원단의 겉과 겉을 마주 보게 접고, 발등이 원단의 접힌 쪽으로 가도록 하여 패턴을 옮겨 그려주세요. 좌우 2장이 필요합니다.

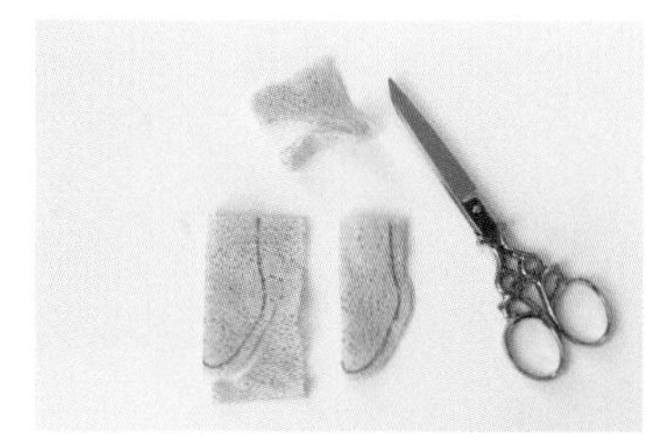

02 시접 0.5cm를 남기고 잘라주세요.

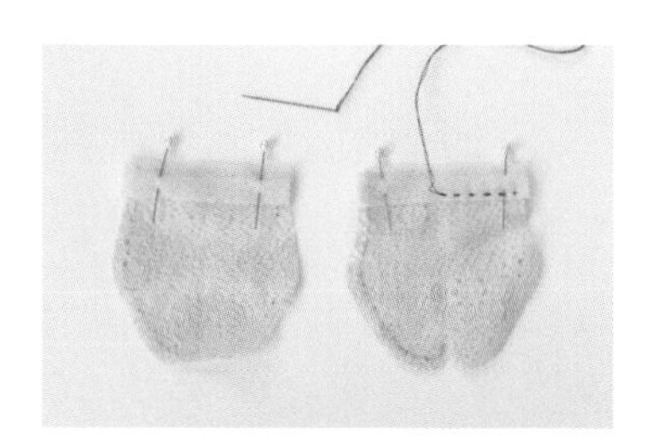

03 상단의 완성선 겉면에서 스판 레이스를 촘촘히 꿰매주세요(끝단이 마감 처리된 토션 스판 레이스를 사용하면 상단 처리를 하지 않아도 좋습니다).

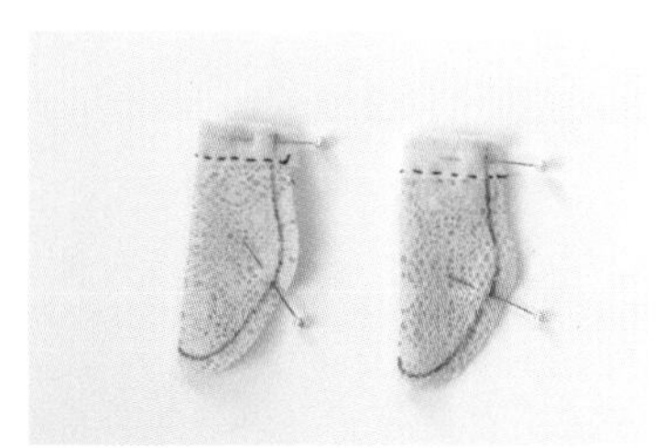

04 겉과 겉이 마주 보게 접은 뒤 옆선을 시침해주세요.

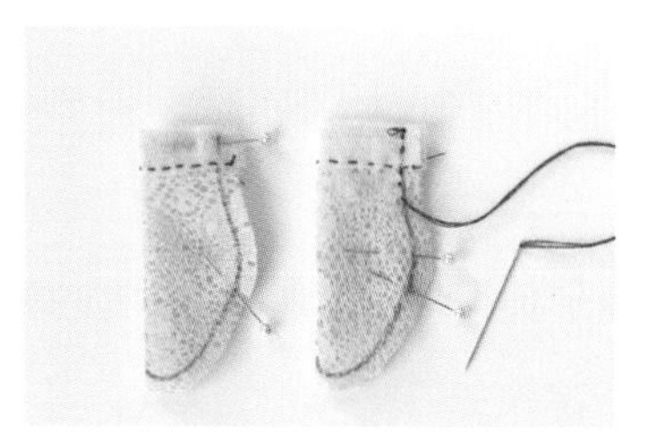

05 시침해둔 선을 촘촘히 꿰매주세요. 아주 조금의 늘어짐은 상관없으나 바느질선이 울어 쪼여지지 않게 해주세요.

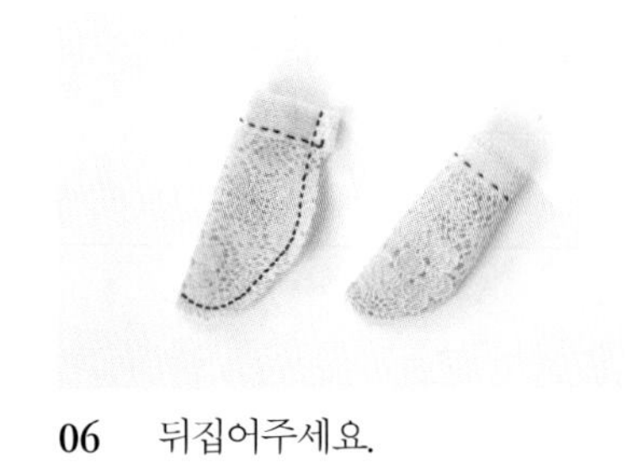

06 뒤집어주세요.

07 완성

레깅스

Ready

준비물 폭 20cm, 길이 18cm 스판 레이스 또는 티셔츠 원단 1장(안 입는 티셔츠를 활용해도 좋습니다.)

13cm 고무줄 레이스

패턴(시접 0.5cm 포함)

12cm 바지 밑단용 스판 토션 레이스

기본 도구 실, 바늘, 가위, 패브릭 펜, 시침핀

실물 도안(p.237)

How to make

01 원단의 겉과 겉을 마주 보게 접어 준비해주세요.

02 패턴을 옮겨 그려주세요.

03 시접이 포함되어 있으니 그린 선 그대로 잘라주세요.

04 밑단의 겉에 레이스를 시침하여 꿰매주세요. 레이스 폭이 1cm 이상일 경우 0.5cm 간격으로 2줄 꿰매주세요. 레이스가 원단보다 조금 더 내려오게 해주세요.

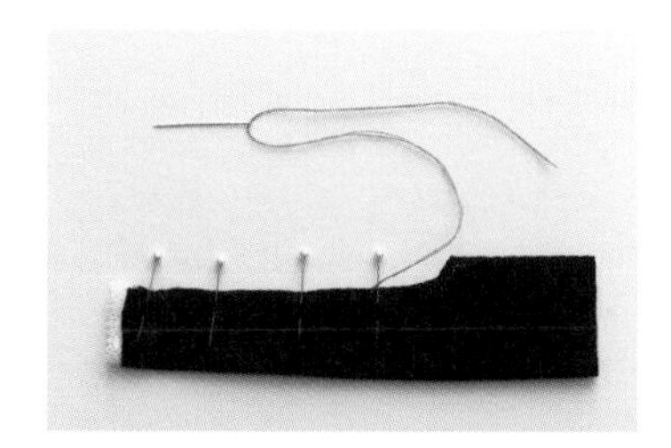

05 옆선을 시침한 뒤 촘촘히 꿰매주세요. 2개를 만들어둡니다.

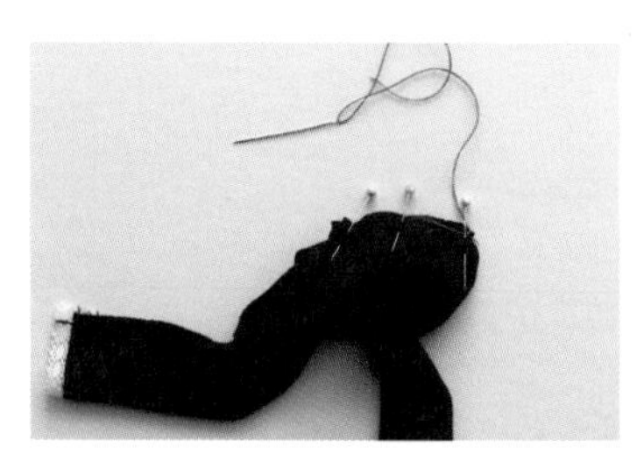

06 한쪽을 뒤집어 뒤집지 않은 쪽에 넣어 중심선을 맞추어 촘촘히 꿰매주세요. 레깅스는 다리 폭이 좁기 때문에 완전히 넣지 않습니다.

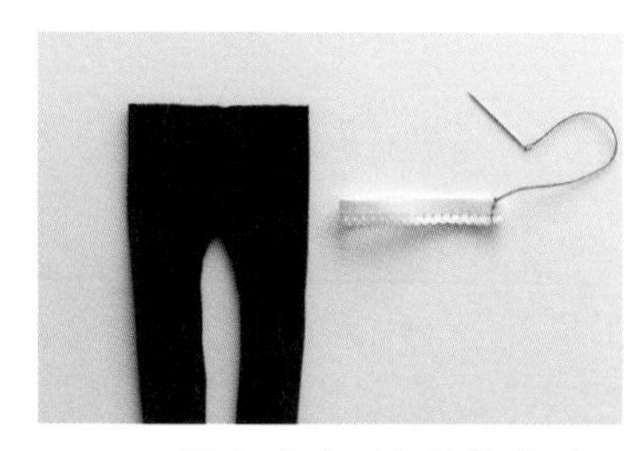

07 고무줄 레이스를 원형이 되도록 연결해 꿰매주세요.

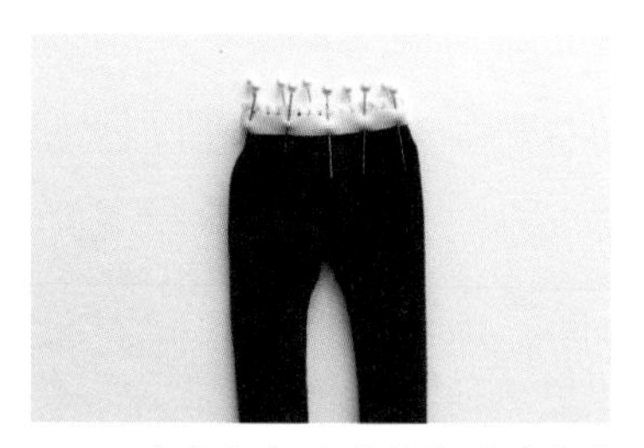

08 허리선의 겉면에서 시침하여 꿰매주세요.

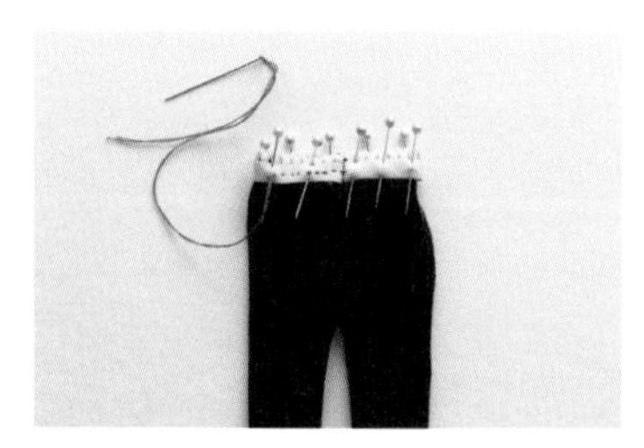

09 원단과 고무줄 레이스의 탄성이 심하지 않으니 아주 조금씩 늘려가며 꿰매주세요.

10 완성. 길이를 조절하여 7부도 만들 수 있습니다.

이불

Ready

준비물 폭 20cm, 길이 25cm 자투리 천을 꿰매어 연결한 천 1장
앞면 연결 배색지_
폭 5cm, 길이 25cm 2장, 폭 5, 길이 27cm 2장
뒷면 배색지_ 폭 28, 길이 33cm 1장

기본 도구 실, 바늘, 가위, 시침핀

How to make

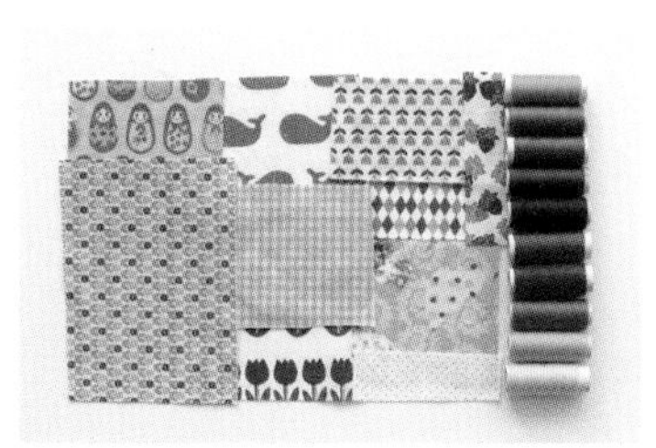

01 바느질하고 남은 자투리 면 원단과 사용될 색실을 준비해주세요. 실은 한 가지만 사용해도 관계없습니다.

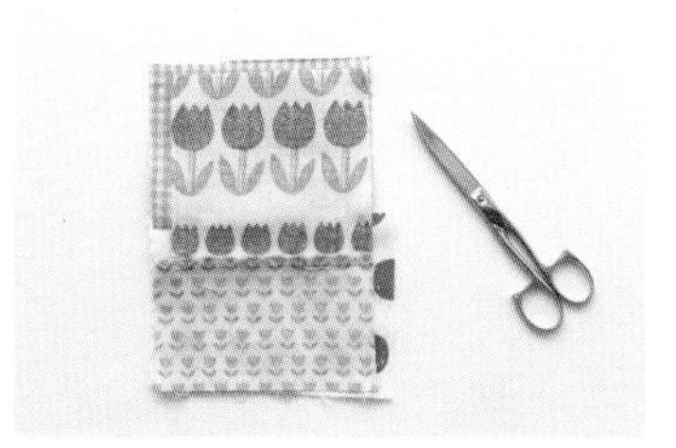

02 이어 붙일 때에는 별도의 형식이 없고 시접이 두껍게 겹치지 않게만 신경 써주세요.

03 연결하는 중간 시접이 삐뚤어지지 않도록 해주세요.

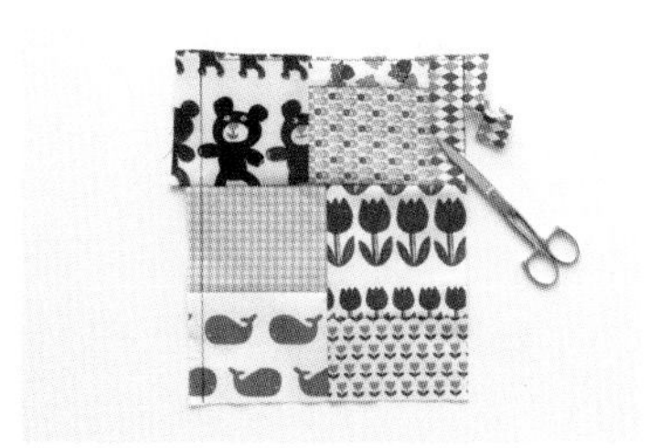

04 모두 이어 붙인 뒤 완성 사이즈에 맞추어 자르면 되므로 규격도 맞출 필요 없습니다.

05 바느질하다 나온 자투리 원단들을 조금씩 이어 붙여두면 좋습니다.

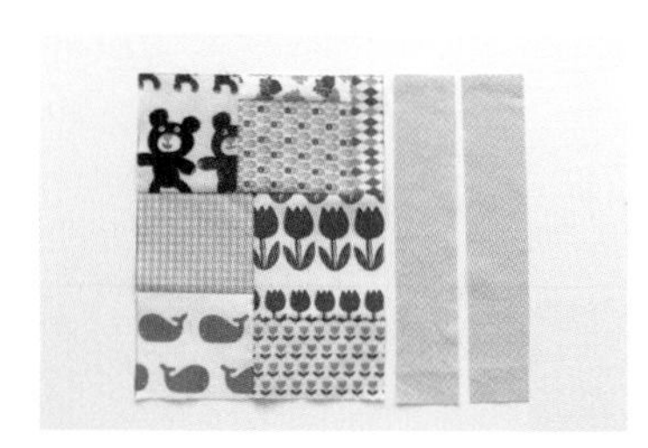

06 폭 20cm에 길이 25cm를 맞춰 이어 붙인 조각 원단을 잘라주세요. 옆면 연결 배색지 25cm 2장을 준비해주세요.

07 시접을 0.5cm로 맞추어 시침한 후 촘촘히 꿰매주세요.

08 상 · 하단 배색지 27cm 2장을 준비해주세요.

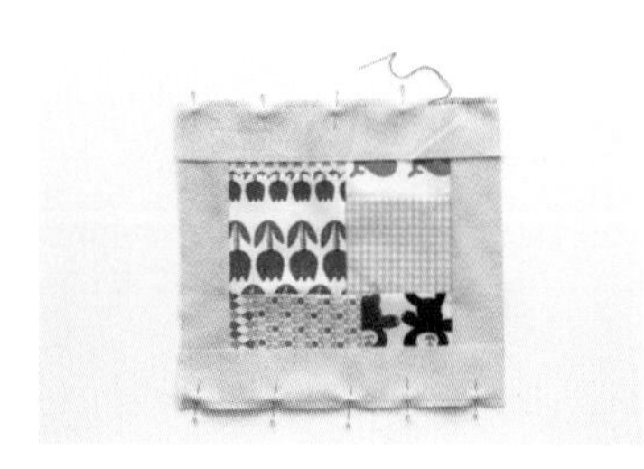

09 시침한 뒤 시접 0.5cm를 맞추어 촘촘히 꿰매주세요.

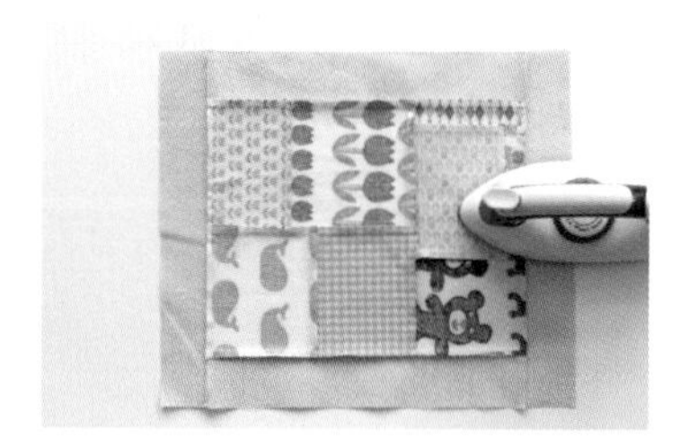

10 시접이 접히지 않도록 주의하여 바느질선을 정리해주세요.

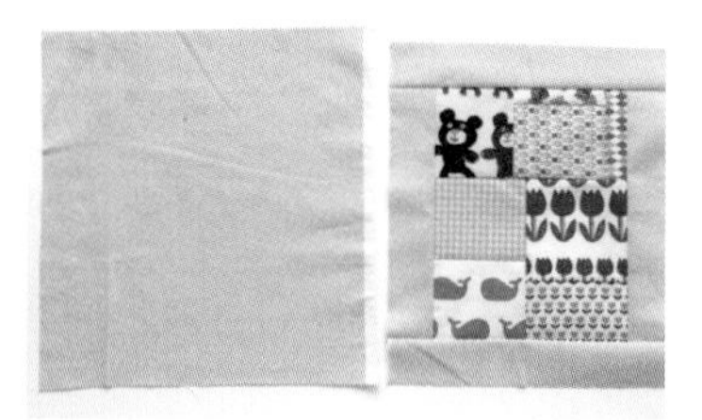

11 뒷면 배색지를 준비해주세요.

12 바느질을 하면서 완성 사이즈가 조금 달라질 수 있으니 뒷면 배색지를 앞면과 맞춰 남는 부분을 정리해주세요.

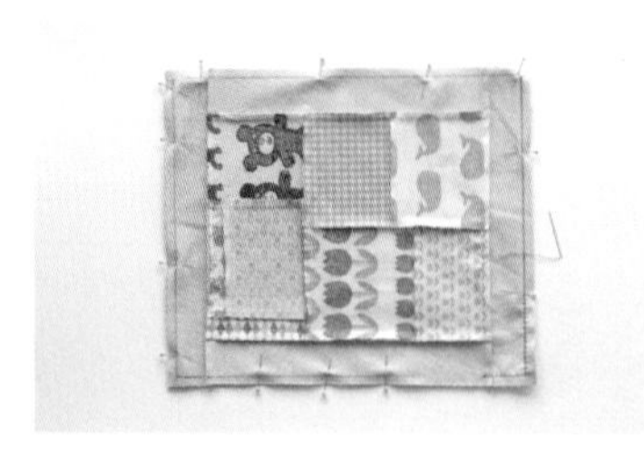

13 시침한 뒤 창구멍을 제외하고 촘촘하게 꿰매주세요.

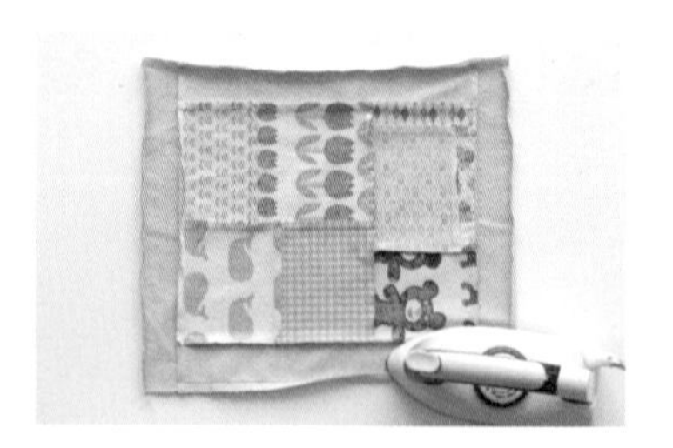

14 시접이 보이게 둔 뒤 시접을 접어 다림질해주세요.

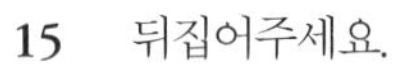

15 뒤집어주세요.

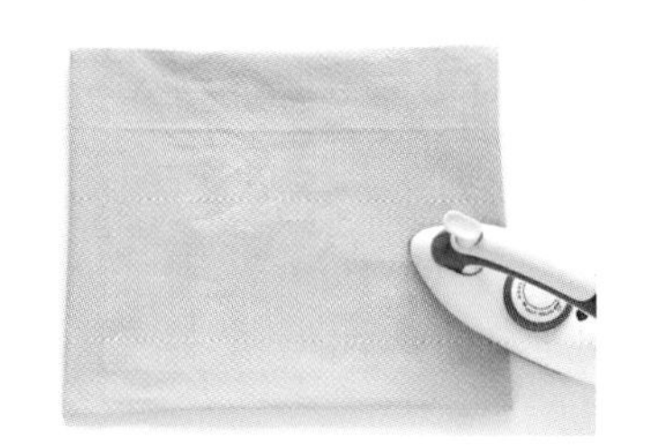

16 다림질해주세요.

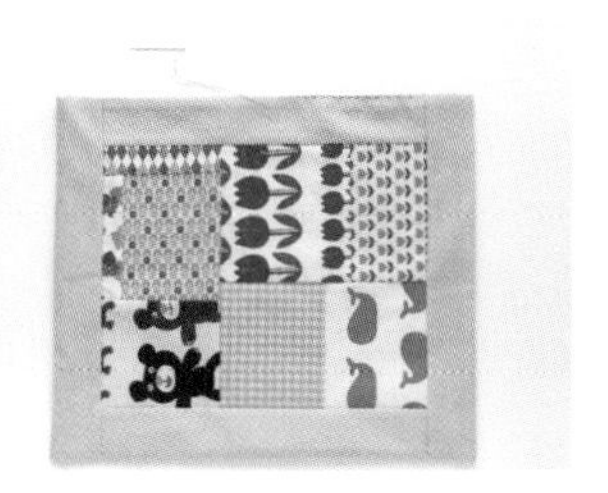

17 창구멍을 막아주세요.

18 완성

베개

Ready

준비물 속통용_ 폭 10cm, 길이 16cm 20수 면 1장
배색지_ 폭 10cm, 길이 21cm 20수 면 1장
21cm 레이스 2개
방울 솜 약간

기본 도구 실, 바늘, 가위, 시침핀

How to make

01 속통용으로 준비된 원단을 겉과 겉이 마주 보게 두세요. 10×16cm 천을 반으로 접어 자르거나, 10×8cm 2장으로 준비해도 좋습니다.

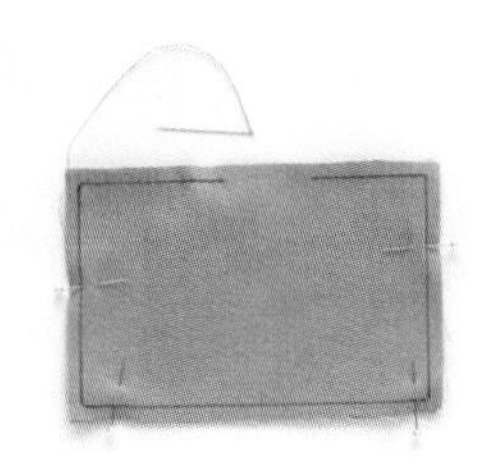

02 창구멍을 제외한 나머지를 시접 0.5cm를 두고 시침하여 꿰매주세요.

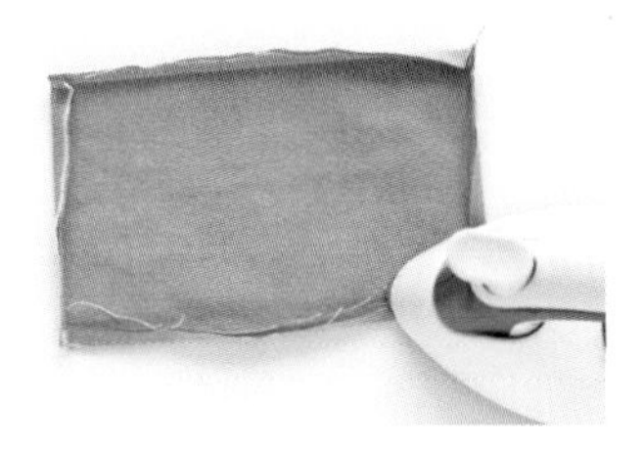

03 시접을 안쪽으로 접어 다림질해주세요.

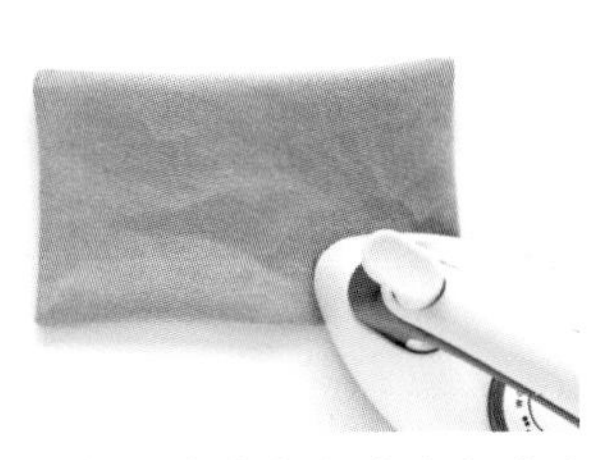

04 뒤집어 완성선이 겹치지 않게 주의하며 다림질해주세요.

05 방울 솜을 약간만 넣어주세요. 약간의 두께감만 주면 됩니다. 솜을 많이 넣으면 야매 머리가 좌우로 미끄러질 수 있습니다.

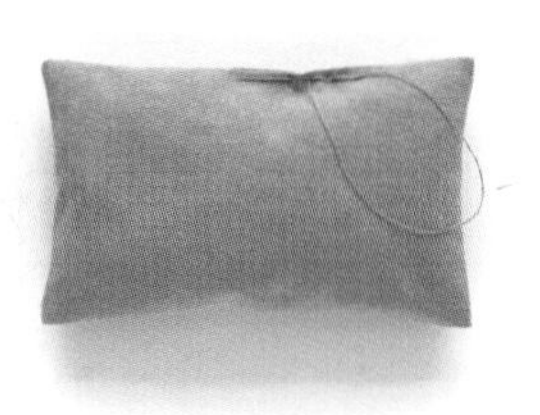

06 창구멍을 막아주세요.

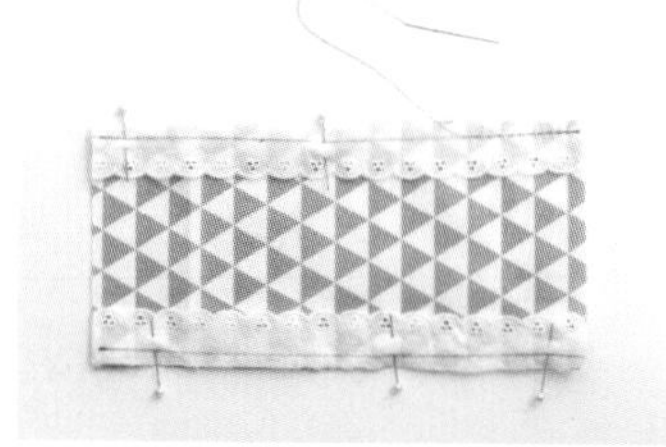

07 배색지로 준비된 원단의 겉면에 레이스의 겉을 마주 보게 둔 뒤 시침하여 꿰매주세요.

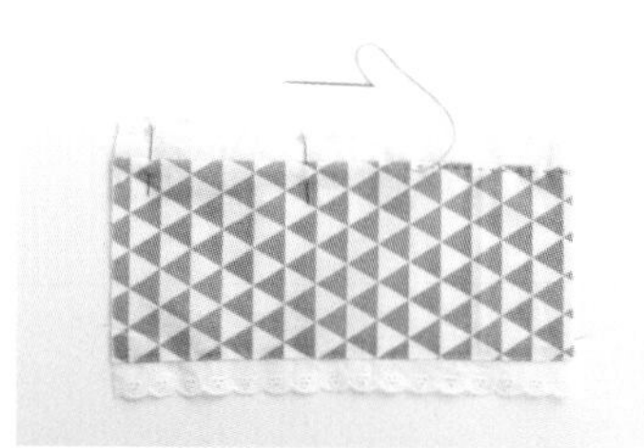

08 레이스를 바깥쪽으로 펼쳐 시접을 안쪽으로 가게 한 뒤 원단과 함께 꿰매어 고정해주세요.

09 끝부분을 0.5cm 접어 꿰매주세요. 나머지도 동일하게 꿰매어 준비해두세요.

10 배색지의 중간에 속통을 올려 둔 뒤 끝선을 겹쳐 꿰매어 고정해주세요.

11 완성

날개

Ready

준비물 폭 154cm, 길이 9cm 빳빳한 망사 1장
5cm 토션 레이스
16cm 고무줄 레이스
패턴(시접 불필요)

기본 도구 실, 바늘, 가위, 기화펜, 시침핀

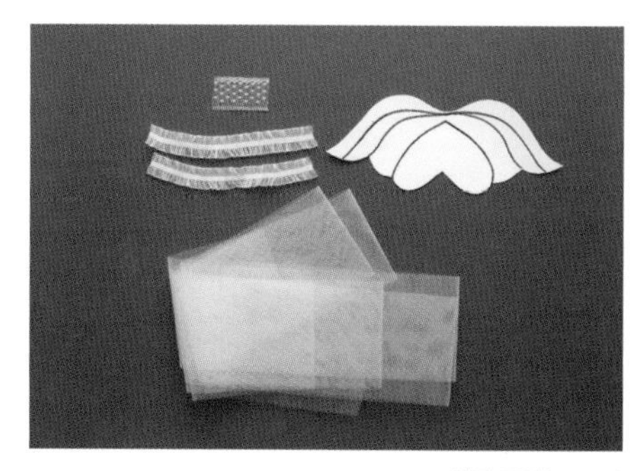

실물 도안(p.238)

How to make

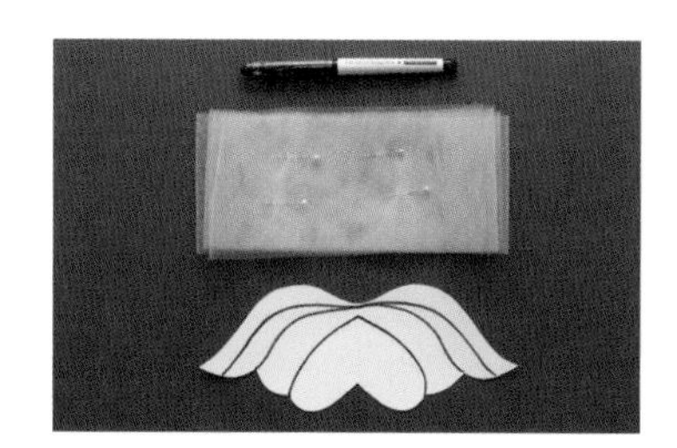

01 준비된 망사를 7번 겹쳐주세요(겹쳐준 망사가 힘이 없다면 2~3개 더 겹쳐주세요). 길게 1장으로 준비가 어렵다면 패턴에 맞추어 7장을 준비해 주세요.

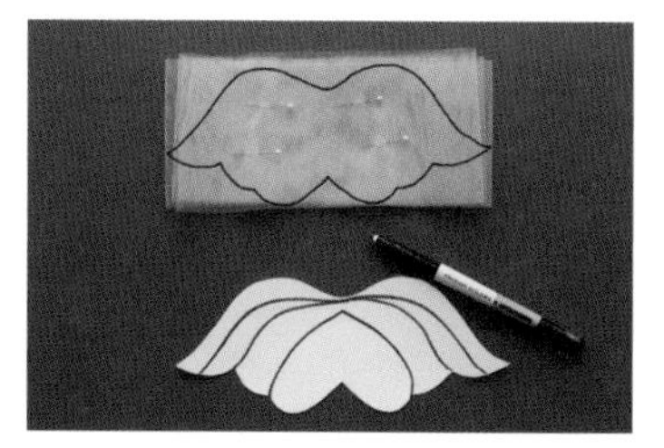

02 겹친 망사를 시침핀으로 고정한 뒤 패턴을 올려 패턴을 옮겨 그려주세요.

03 그려둔 선을 따라 잘라줍니다. 이때 겹쳐진 망사를 약간씩 차이 나게 다시 겹쳐주면 더욱 풍성한 느낌을 줄 수 있습니다.

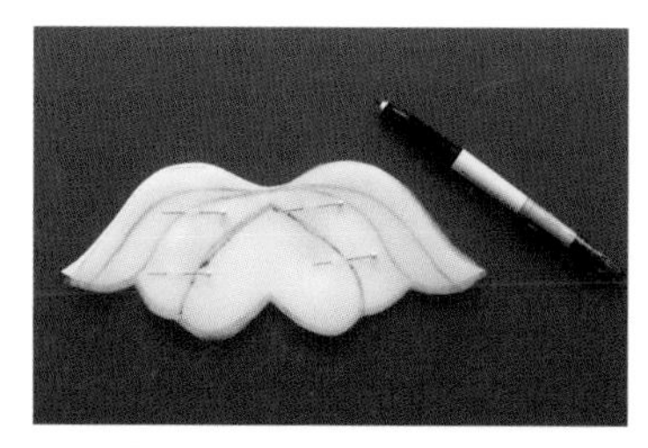

04 망사 밑에 패턴을 놓은 뒤 바느질선을 따라 그려주세요. 기화펜을 사용해줍니다.

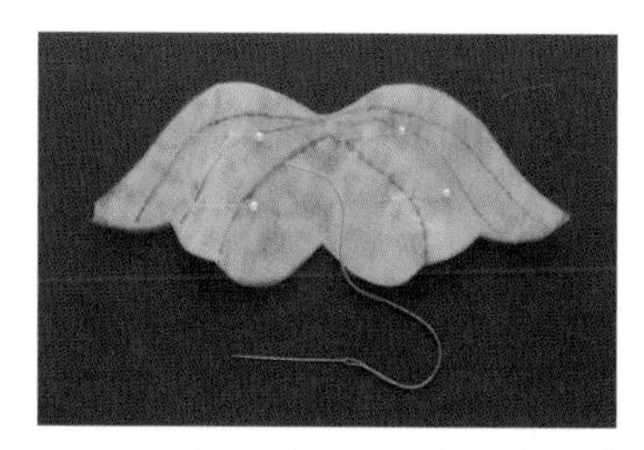

05 옮겨 그린 선을 따라 촘촘히 홈질해주세요. 바느질선이 약간 울어도 관계없습니다.

06 토션 레이스를 준비해주세요.

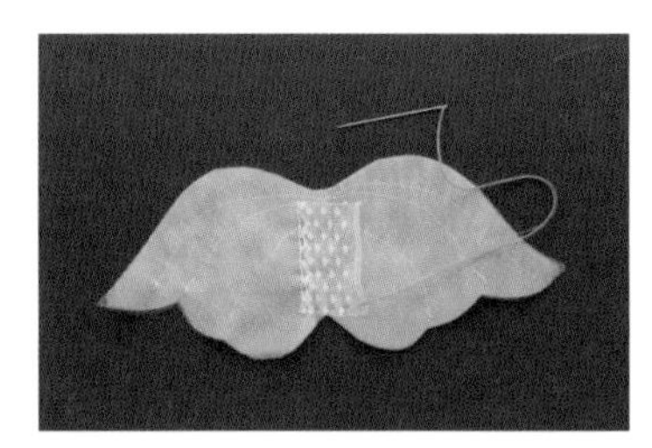

07 날개의 바깥쪽을 정해 토션 레이스를 중심에 달아주세요.

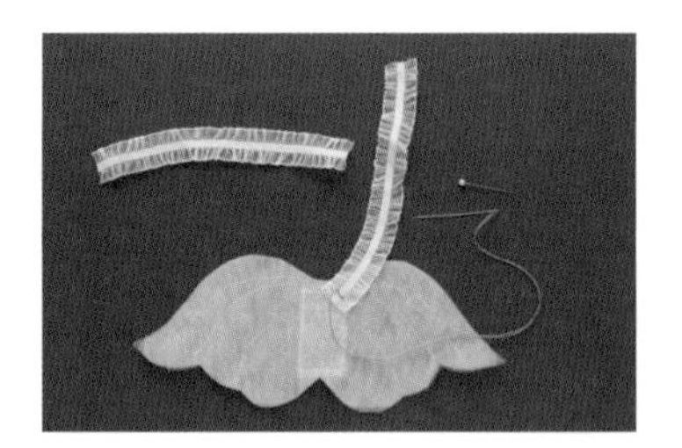

08 토션 레이스가 달린 쪽이 겉면입니다. 반대쪽의 안에서 토션 레이스를 꿰맨 선 왼쪽 상단 꼭짓점에 스판 레이스를 사선으로 달아주세요.

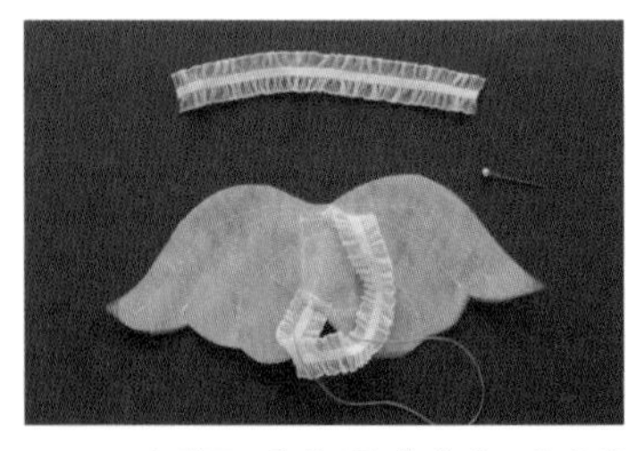

09 반대쪽 하단 꼭짓점에 연결해주세요. 이때 레이스의 시접이 안쪽을 향하게 해주어야 합니다.

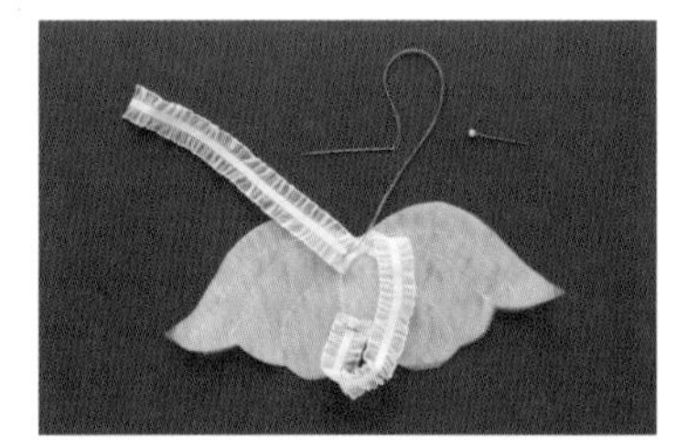

10 바느질선 오른쪽 상단 꼭짓점에 나머지 스판 레이스를 사선으로 달아주세요.

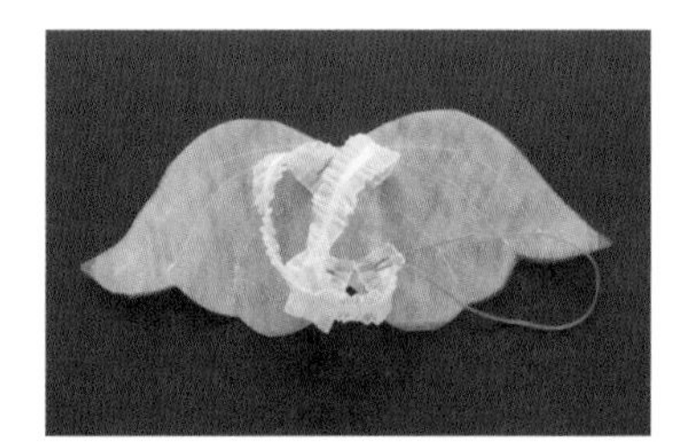

11 반대쪽 하단 꼭짓점에 연결해주세요. 마찬가지로 시접이 안쪽을 향하도록 해주어야 합니다.

어깨 끈을 달지 않고 조끼에 연결하는 방법

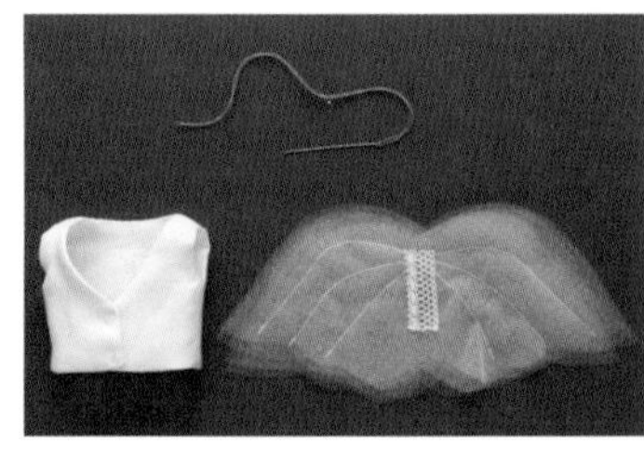

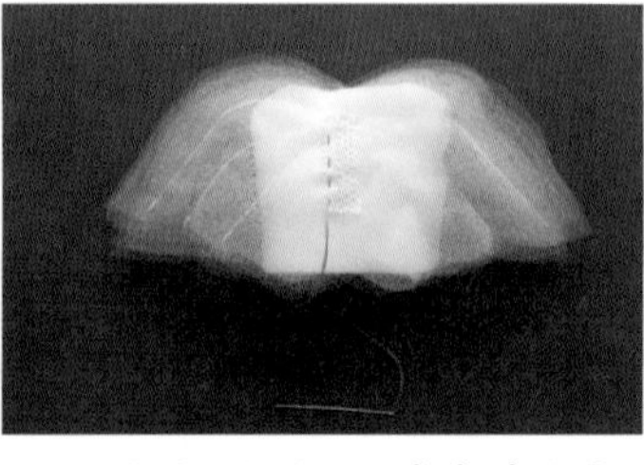

01 만들어둔 조끼를 준비해주세요(p.163 조끼 만들기 참고). 날개 만들기 7번 과정 후 조끼의 중심에 꿰매어 연결해주세요.

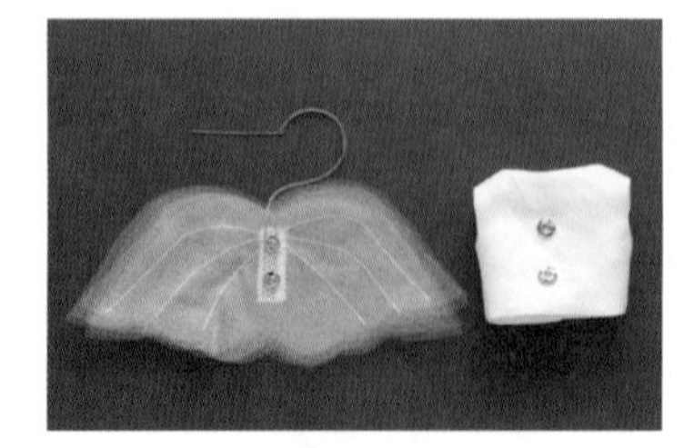

02 스냅단추를 달아 연결하면 날개를 탈부착할 수 있습니다.

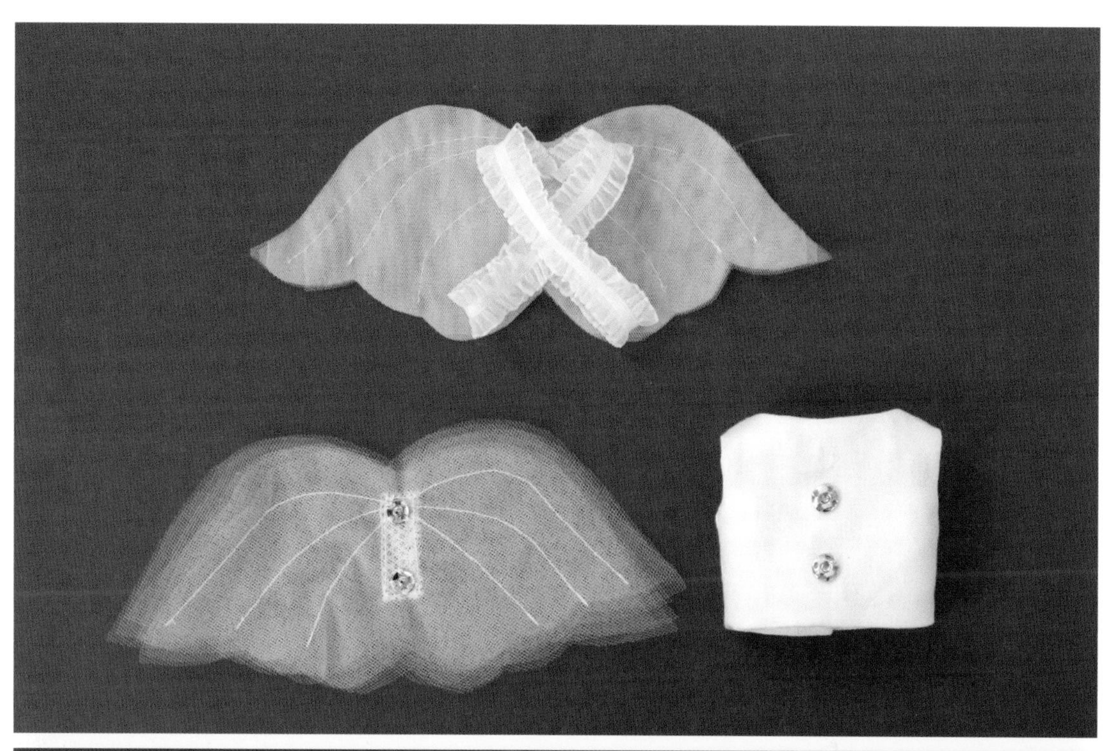

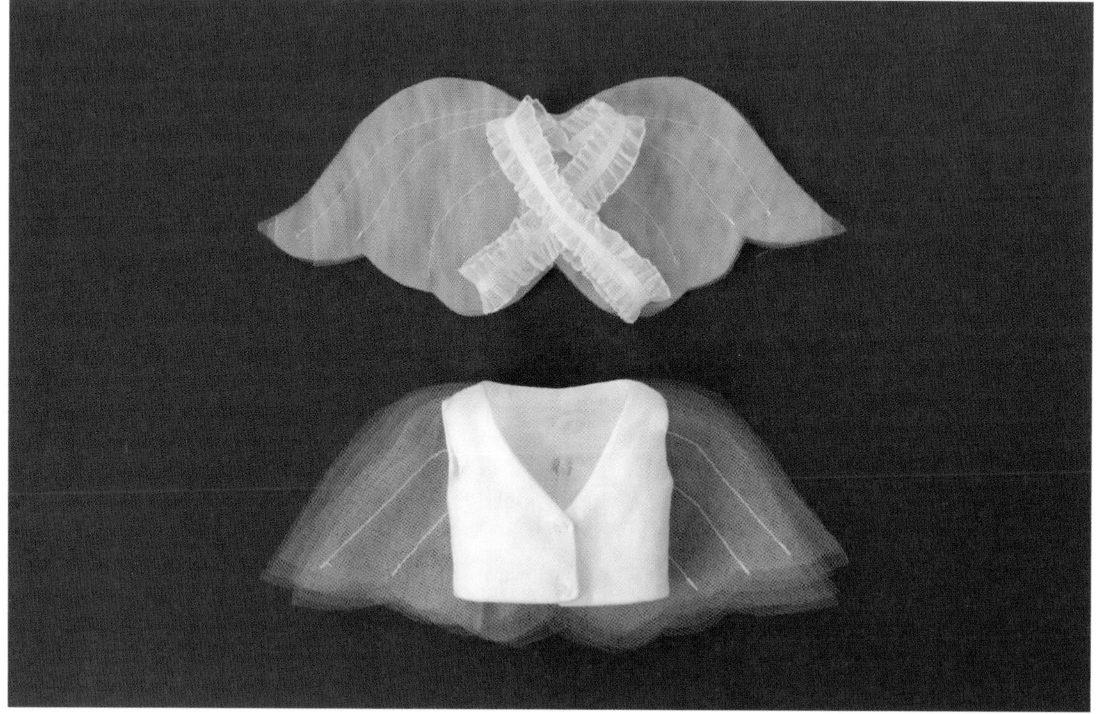

인어 옷

Ready

준비물 폭 13cm, 길이 35cm 40수 면 1장
폭 13cm, 길이 30cm 40수 면 1장
폭 13cm, 길이 35cm 레이스 원단 1장(레이스 원단은 헌옷을 재활용해도 좋습니다.)
폭 13cm, 길이 30cm 레이스 원단 1장
폭 16cm, 길이 40cm 망사 1장
폭 18cm, 길이 16cm 장식 레이스 1장
장식용 레이스 모티브 여러 장
장식 구슬
패턴(시접 미포함)

기본 도구 실, 바늘, 가위, 겸자, 패브릭 펜, 시침핀

실물 도안 별지

How to make

01 면 2장과 레이스 2장, 총 4장을 준비해주세요.

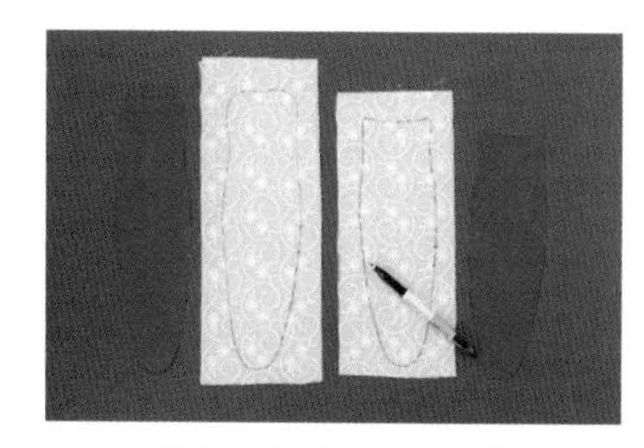

02 레이스의 겉과 면의 겉이 마주 보게 둔 후 레이스 쪽에서 패턴을 옮겨 그려주세요.

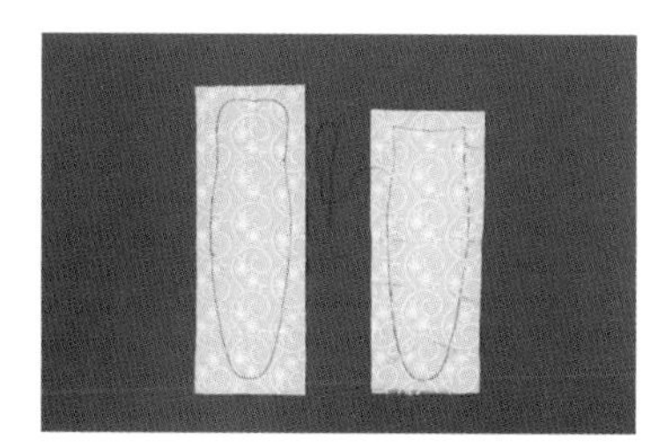

03 시침으로 고정해준 뒤 창구멍을 남기고 홈질로 꿰매주세요.

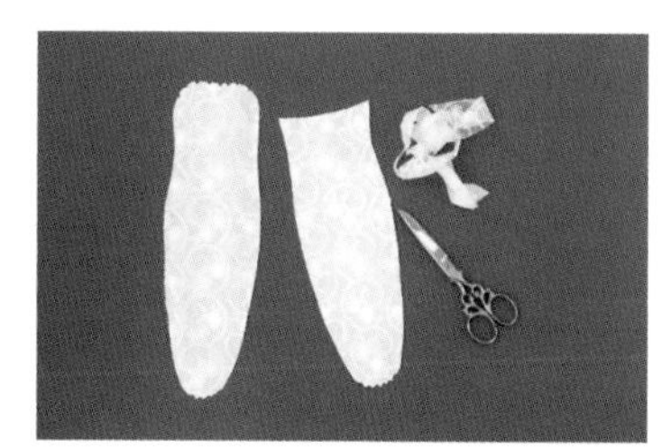

04 가슴의 곡선 부분과 꼬리 쪽은 바느질선이 잘리지 않도록 주의하여 V자 가윗밥을 넣어주세요. 옆선의 부드러운 곡선은 듬성듬성 일자로 가윗밥을 넣어줍니다.

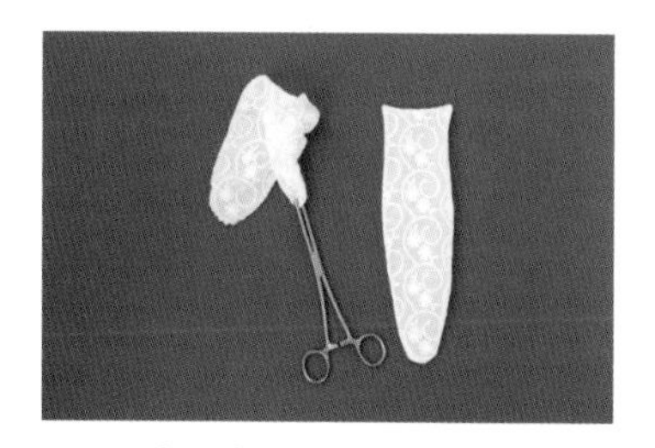

05 창구멍을 통해 뒤집어주세요.

06 바느질선을 손다림으로 먼저 정리해준 뒤 면 쪽에서 다림질해줍니다. 면 쪽에서 다림질한다고 해도 온도는 저온으로 설정해주세요.

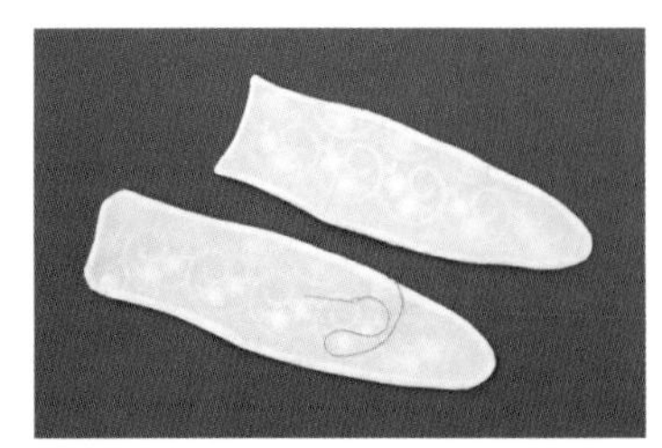

07 창구멍을 막아주세요(앞과 뒤 2장을 만들어둡니다).

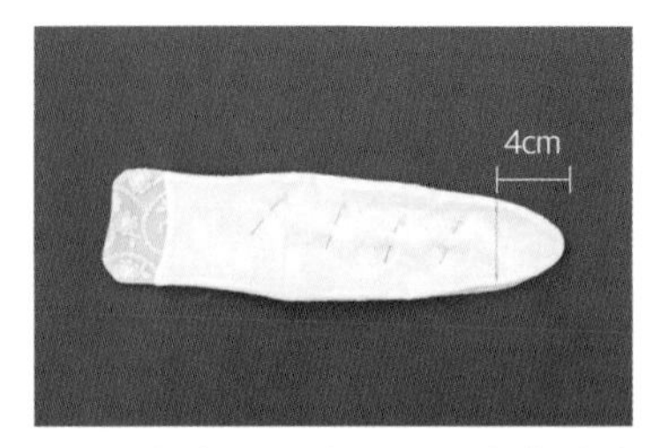

08 아래쪽을 기준으로 하여 레이스의 겉과 겉이 마주 보게 시침하고 아래쪽에서 위로 4cm 선을 표시해주세요.

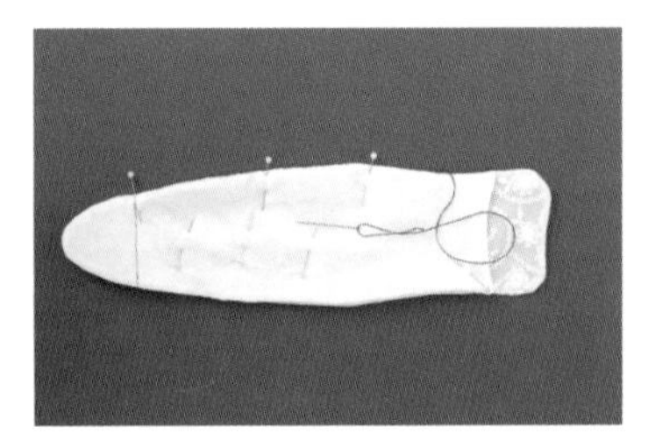

09-1 양쪽 옆선을 감침질로 촘촘하게 꿰매어 연결해주세요.

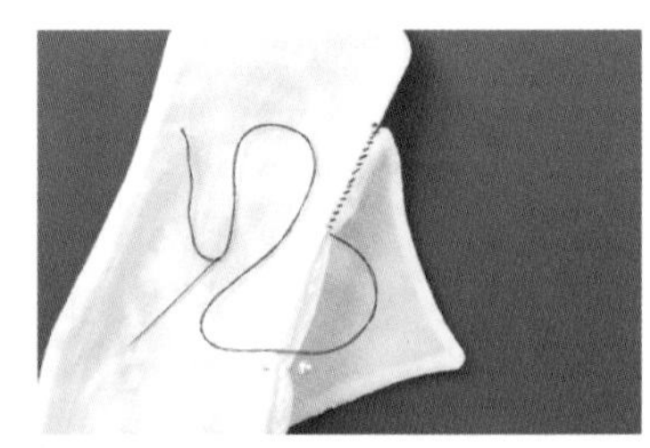

09-2 감칠질 확대

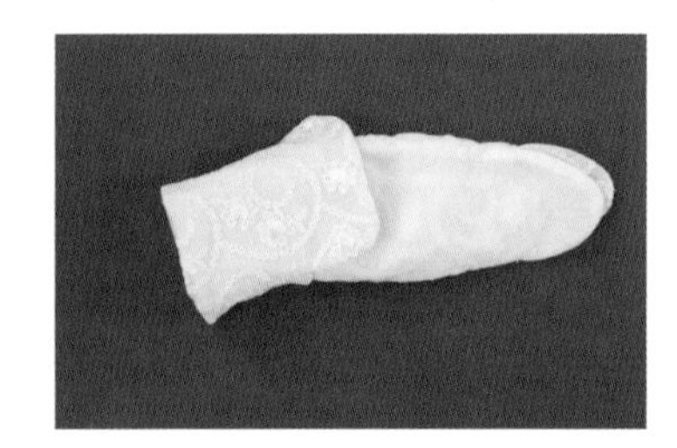

10 뒤집어주세요.

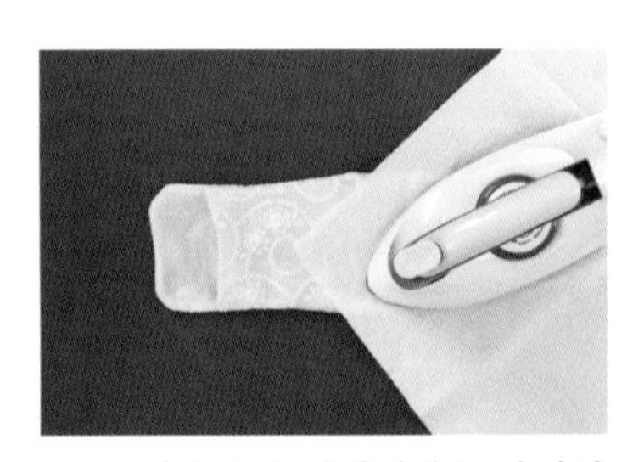

11 저온으로 설정되어도 다림질하다 보면 레이스가 반질거릴 수 있으니 얇은 면을 올려놓고 다림질해주세요.

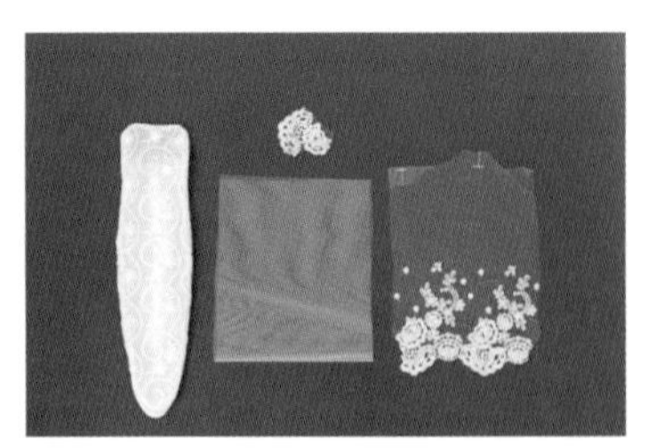

12 만들어둔 몸체와 꼬리로 사용될 망사 레이스 원단과 모티브 레이스를 준비해주세요.

13 망사는 길이를 반으로 접고 장식용 레이스를 겹쳐준 뒤 윗면을 홈질하여 대략 3cm로 조여주세요.

14 밑면에 바느질되지 않은 부분에 합쳐둔 망사와 레이스를 시침하여 고정해주세요.

15 시침해둔 꼬리를 꿰매주세요. 밑면이 벌어지지 않을 정도로 꿰매주면 됩니다. 같은 색 실을 사용하면 실이 보여도 관계없습니다.

16 모티브를 꼬리의 밑면에 붙여 장식해주세요.

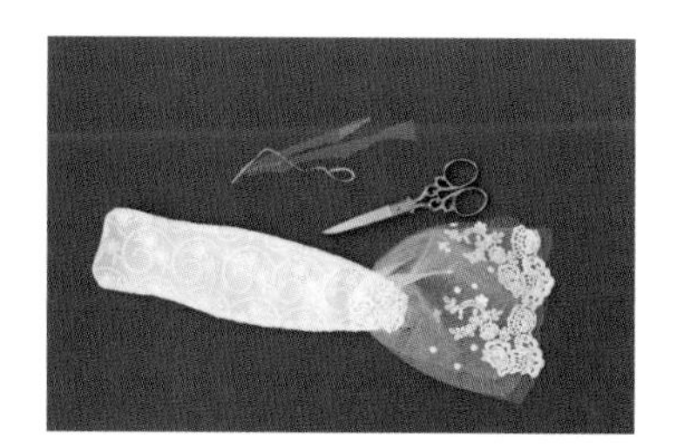

17 망사 밑단을 자연스럽게 다듬어주세요. 본문에선 레이스에 진주 구슬이 붙어 있지만, 없는 레이스 원단을 사용한다면 구슬을 따로 달아주어도 좋습니다.

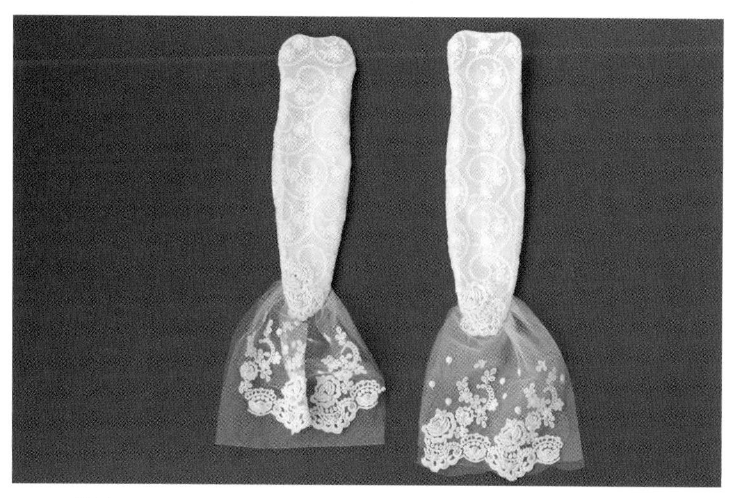

18 완성

장신구 만들기

초커

Ready

준비물 32cm 토션 레이스 또는 리본 등
폭 14cm, 길이 10cm 또는 폭 10cm, 길이 10cm 조각 원단
단추 등

기본 도구 실, 바늘

How to make

초커 1

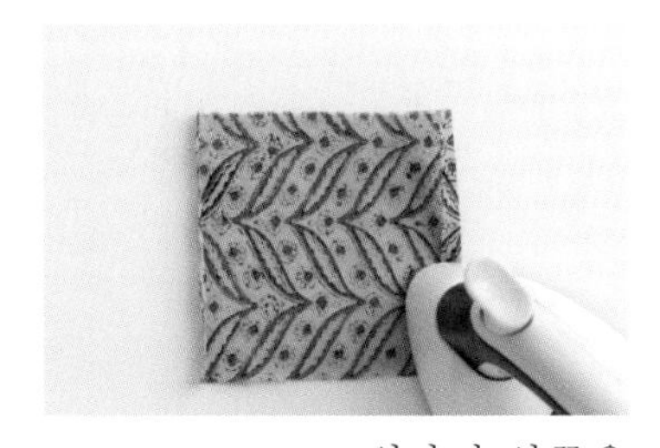

01 10×10cm 원단의 양쪽을 0.5cm 접어 다려주세요.

02 겉면이 보이도록 반으로 접어 다려주세요.

03 윗부분의 0.5cm 아래로 홈질하여 당겨 주름을 잡아주세요.

04 주름이 풀어지지 않도록 고정해 레이스 중간에 고정해주세요.

초커 2

01 직사각 천의 양옆을 0.5cm를 접어 다림질해주세요.

02 3등분하여 겉면이 보이도록 두 번 접어 다림질해주세요. 이때 원단이 1cm 겹치게 해주세요.

03 겹쳐진 중심을 홈질해주세요.

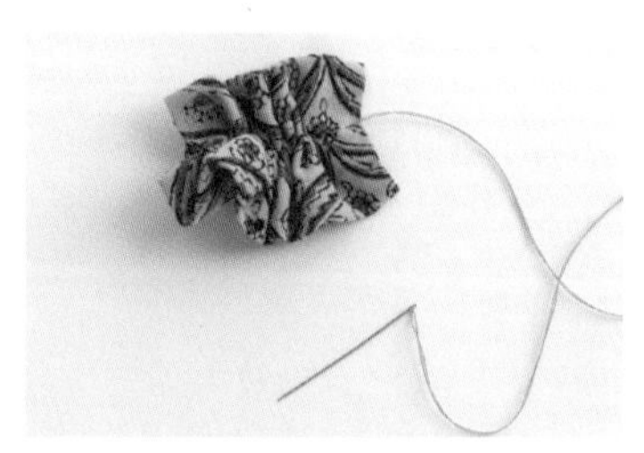

04 실을 당겨 주름을 잡아주세요.

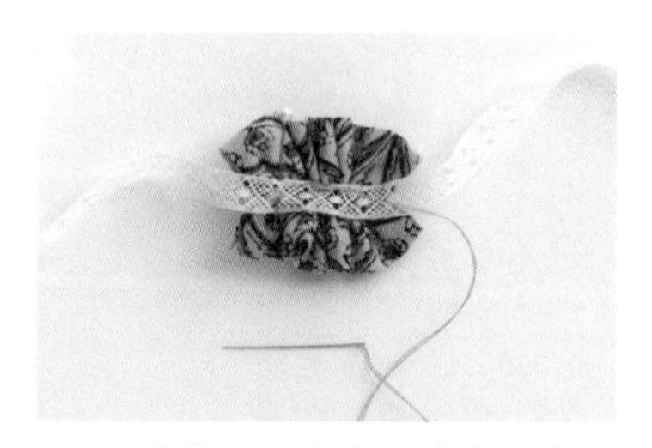

05 레이스 중간에 고정해 주세요. 레이스는 상, 하단 모두를 꿰매줘야 주름 잡은 원단이 뱅글 돌지 않습니다.

06 단추를 달아 장식해줘도 좋습니다.

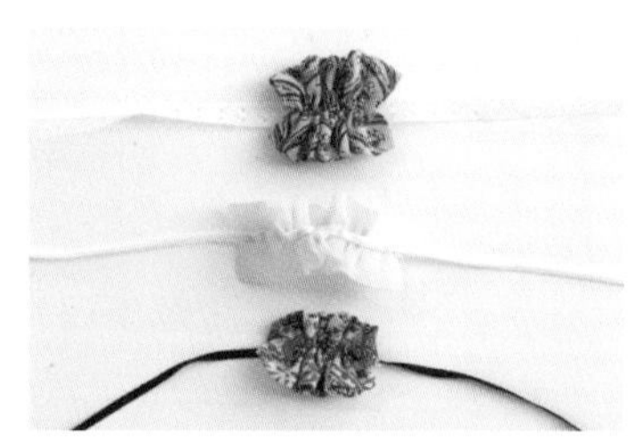

07 당김을 조절하여 초커의 길이를 조절해주면 다른 모양으로 만들 수 있습니다.

장신구 만들기

화관

Ready

준비물 실, 작은 리본 코사지 또는 비즈 코사지
기본 도구 실, 바늘

How to make

01 실을 여러 겹 겹쳐 35cm 길이가 되도록 땋아 준비해주세요. 이때 합사하는 실 중 초록색을 섞어주세요 (기호에 따라 단색으로 해도 좋습니다).

02 인형의 머리에 땋아둔 실을 올려둔 뒤 길이를 조절해주세요.

03 코사지를 임시로 올려두고 화관의 형태를 만들어봅니다.

04 땋아둔 실에 코사지를 올려 실로 꿰매어 고정해주세요.

05 불필요한 부분은 잘라내어 작은 꽃과 큰 꽃을 섞어 사용하면 좋습니다.

06 글루건이나 본드를 사용하지 않기 때문에 여러 번 꿰매어 꽃이 뱅글 돌지 않게 해주세요.

07 비즈 꽃의 경우 뒷면의 인조 가죽을 꿰매 연결해주세요. 인조 가죽은 부드러워 바늘이 잘 들어갑니다.

08 완성

장신구 만들기

앞치마 1

앞치마 1

Ready

준비물 폭 46cm, 길이 12cm 거즈면 치맛감 1장
폭 51cm, 길이 4cm 허리끈 감 1장
패턴(시접 0.5cm 포함)

기본 도구 실, 바늘, 가위, 패브릭 펜, 시침핀

실물 도안 별지

How to make

01 원단의 겉과 겉을 마주 보게 한 뒤 패턴을 준비해주세요.

02 치마 부분은 약간의 곡선이 있으니 패턴의 직각선을 확인해 골선에 맞춰주세요.

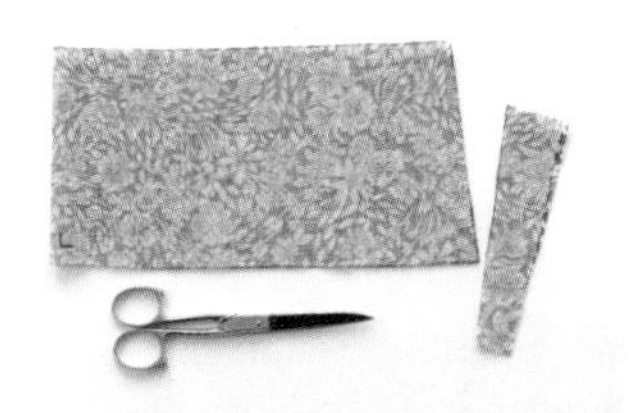

03 그린 선을 따라 잘라냅니다.

04 치마의 밑단을 0.5cm로 두 번 접어 다린 후 시침하여 고정해주세요.

05 양쪽 옆면 또한 0.5cm로 두 번 접어 시침한 뒤 밑단과 옆선을 촘촘히 꿰매주세요.

06 바느질선이 울지 않도록 다림질해주세요.

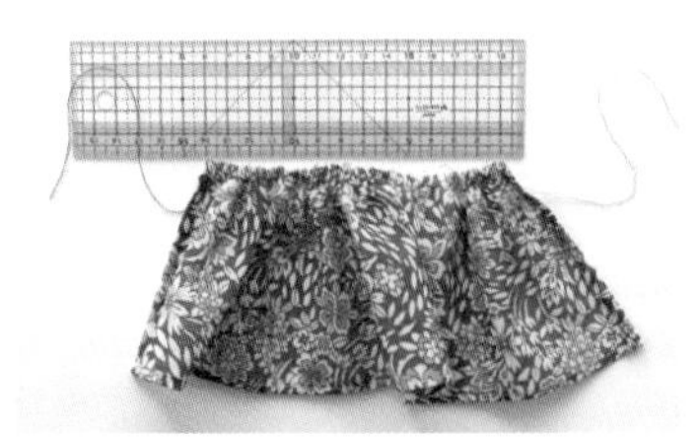

07 치마의 윗선을 2줄 홈질하여 주름을 잡아주세요.

08 주름을 골고루 잡아준 뒤 다림질로 눌러 주름을 고정해주세요.

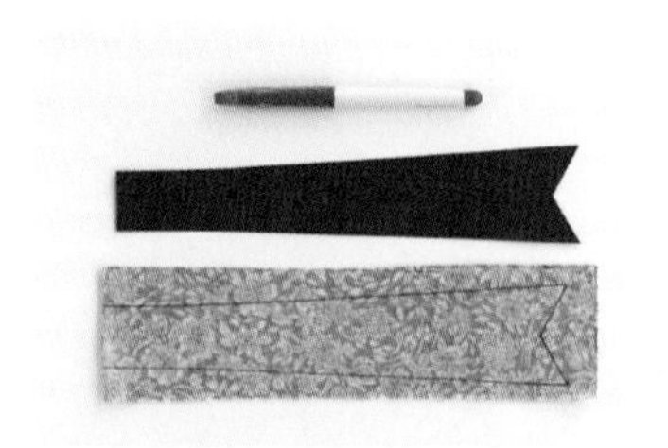

09 허리끈 감의 겉과 겉이 마주 보게 접은 뒤 패턴을 옮겨 그려주세요.

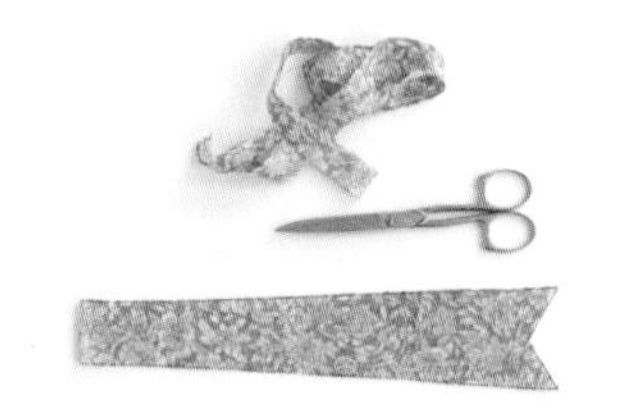

10 그린 선을 따라 잘라줍니다.

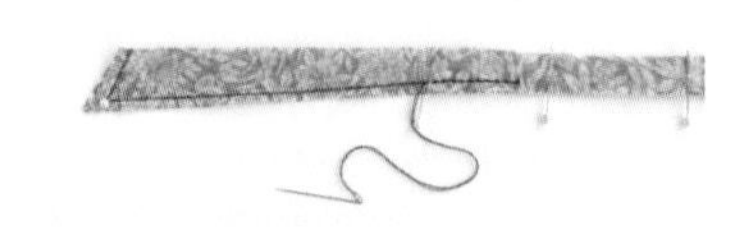

11 잘라둔 허리 감은 다시 펼쳐 겉감이 마주 보게 상하로 접은 뒤 중심을 기준으로 좌우 8cm, 총 16cm를 남기고 꿰매주세요.

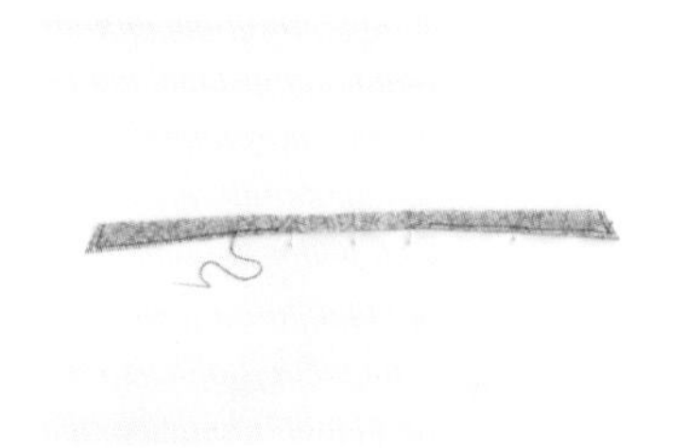

12 허리 감은 자를 때와 바느질할 때 접힌 모양이 달라질 수 있으니 확인해주세요.

13 스카프를 뒤집을 때의 방법(p.174)을 참고하여 뒤집어주세요. 시접에 바늘을 꿰어 안으로 통과시켜 뒤집으면 됩니다.

14 꿰매지 않은 부분은 시접을 0.5cm 접어 다려주세요. 다림질로 완성선이 겹치지 않도록 정리해주세요.

15 바느질하지 않고 남겨둔 부분에 치맛감을 넣어줄 것입니다. 확인해주세요.

16 시침으로 고정해주세요.

17 시침으로 고정할 때 좌우 옆선이 맞는지 확인해주세요. 옆선의 길이가 다르면 허리 감 안으로 들어가는 치맛감의 시접을 조절해주세요.

18 바느질선이 보이도록 꿰매어 연결해주세요.

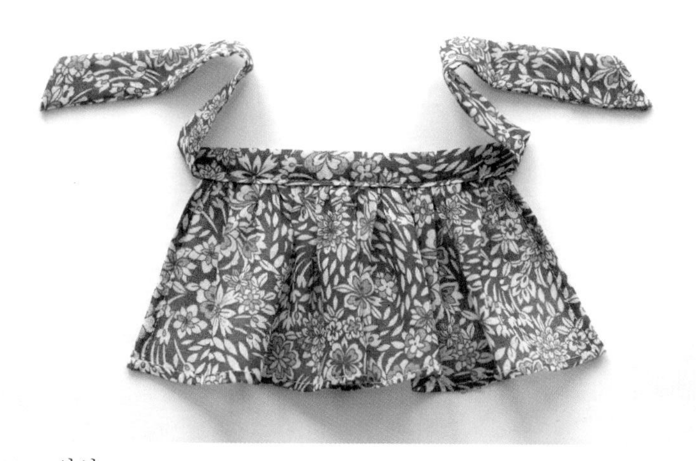

19 완성

장신구 만들기

앞치마 2

앞치마 2

Ready

준비물 치맛감용_ 폭 36cm, 길이 10cm 40수 면 1장
덧치마감_ 폭 8cm, 길이 8cm 40수 면 1장
허리끈용_ 폭 1.5cm, 길이 50cm 토션 레이스 1개
덧치마 옆선 마감용_ 10cm 토션 레이스 2개
덧치마 밑단 마감용_ 10cm 레이스 1개
패턴(시접 0.5cm 포함), 덧치마 시접 0.5cm

기본 도구 실, 바늘, 가위, 패브릭 펜, 시침핀

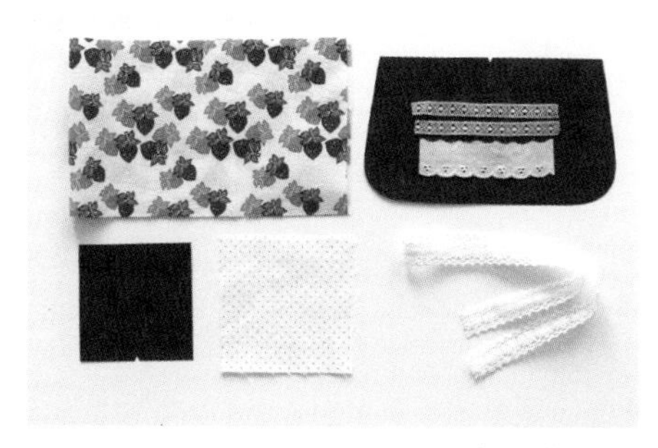

실물 도안(p.239)

How to make

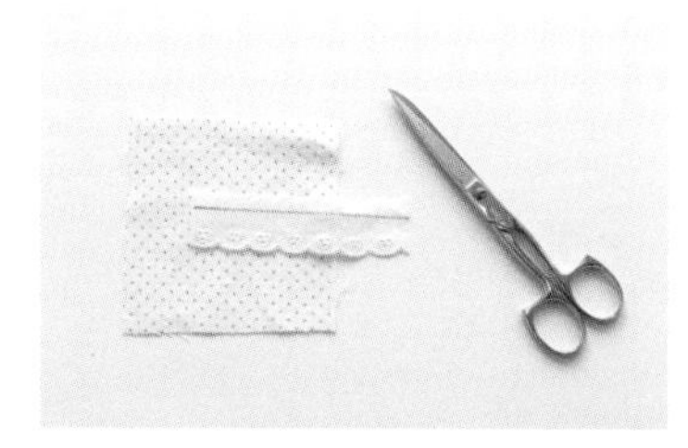

01 덧치마용 천과 밑단 마감용 레이스를 준비해주세요

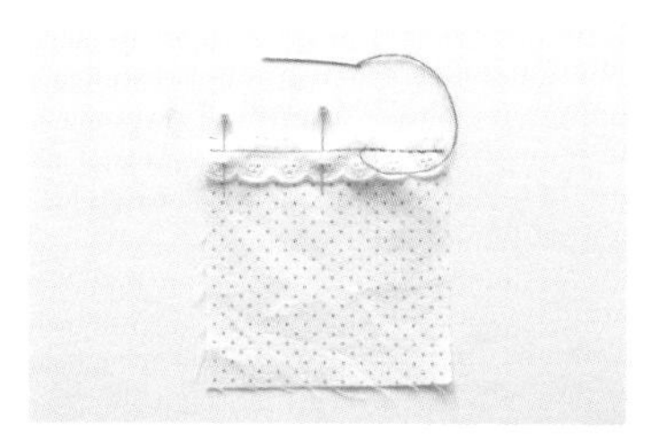

02 원단의 겉과 레이스의 겉을 마주 보게 한 뒤 시접을 꿰매주세요.

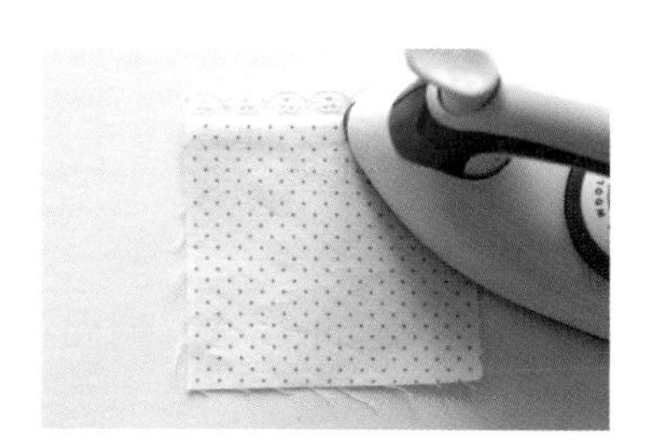

03 레이스를 펼쳐 바느질선을 다려주세요.

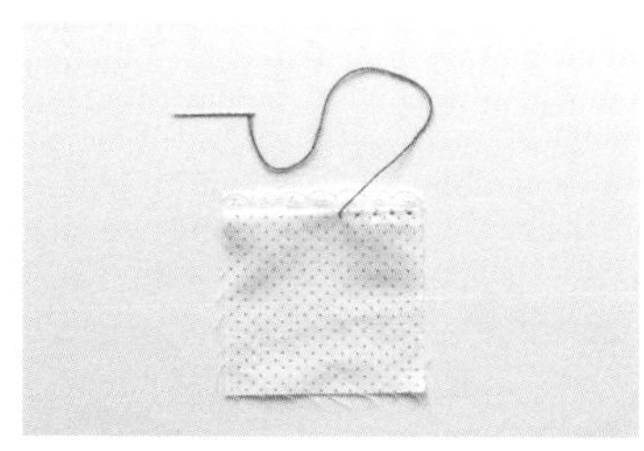

04 시접을 원단 쪽으로 펼쳐 바느질해서 고정해주세요.

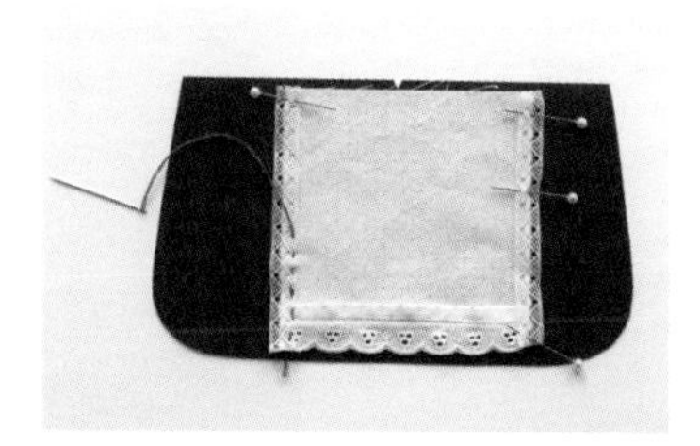

05 덧치마 옆선 마감용 토션 레이스를 안쪽 면에서 바느질해서 고정해주세요. 이때 레이스가 조금 더 바깥으로 나오게 해주어야 합니다(붉은색 패턴은 레이스를 육안으로 구분하기 위해 받쳐두었습니다).

06 바느질선이 울지 않도록 다림질해주세요.

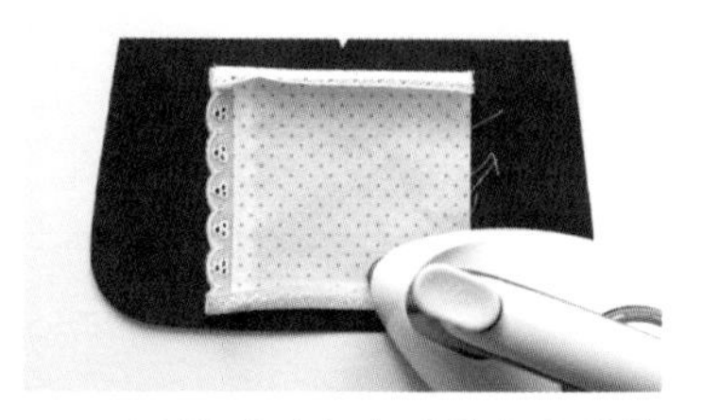

07 토션 레이스가 바깥으로 향하도록 접어 다림질해 꿰매주세요.

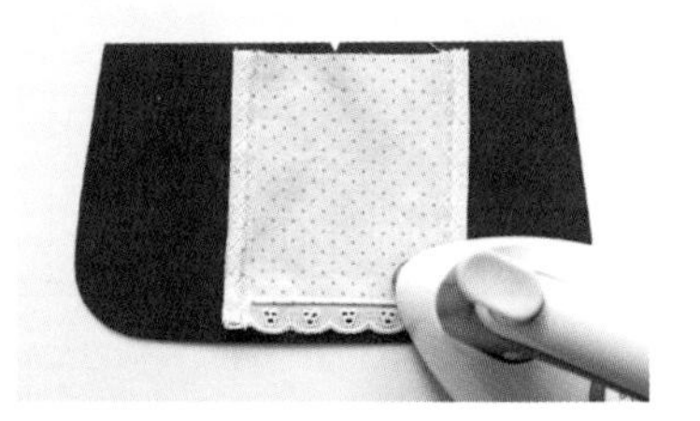

08 덧치마의 겉에서 다림질해줍니다.

09 원단의 겉과 겉을 마주 보게 둔 뒤 앞치마용 패턴을 준비해주세요.

10 패턴을 옮겨 그린 뒤 중심선을 표시해주세요.

11 그린 선을 따라 잘라줍니다.

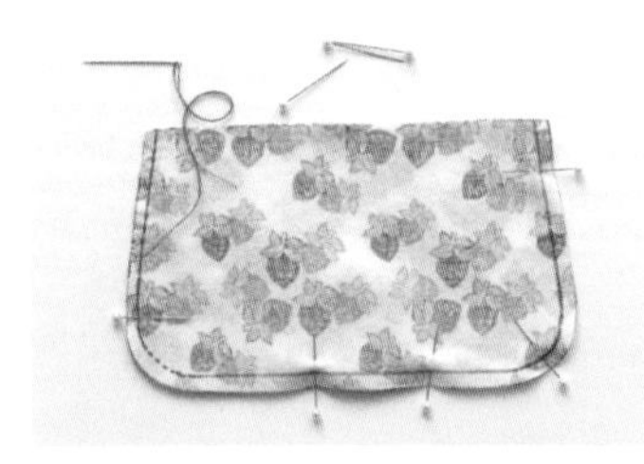

12 원단이 움직이지 않게 시침하여 고정한 뒤 촘촘하게 바느질해주세요.

13 바느질선이 울지 않도록 다림질해주세요.

14 곡선 부분에 V자 가윗밥을 줍니다.

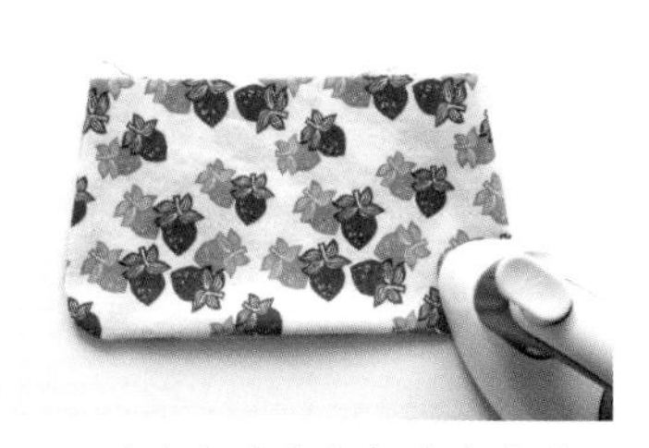

15 뒤집어 완성선이 겹치지 않도록 주의하여 다림질해주세요.

16 양쪽 옆선 1cm를 제외하고 홈질하여 약간의 주름을 잡아주세요.

17 주름을 다려 고정해주세요.

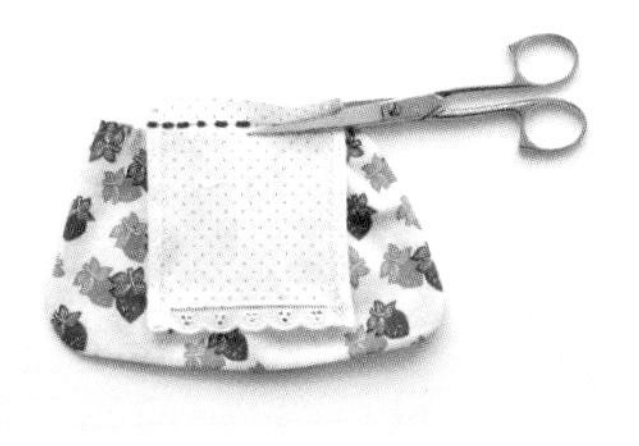

18 덧치마는 치마보다 약 1.5cm 짧게 조절해주세요. 남는 시접은 위에서 잘라냅니다.

19 임시로 고정해주세요.

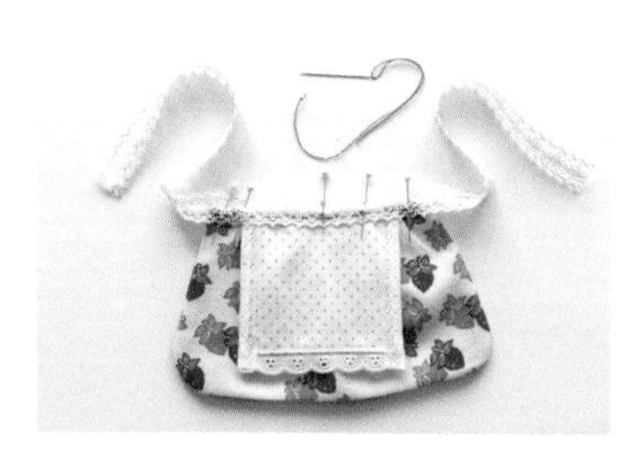

20 허리끈용 토션 레이스와 앞치마의 중심을 맞추어 퀘매주세요. 바느질선이 보여도 관계없으며 허리와 만나는 레이스의 위아래 끝선 2곳을 퀘매어 앞치마가 뒤집히지 않도록 해주세요.

21 완성

장신구 만들기

목걸이, 팔찌

Ready

준비물 구슬, 진주 비즈 등
투명 우레탄 줄 또는 실
비즈 바늘

우레탄 줄을 이용할 경우

How to make

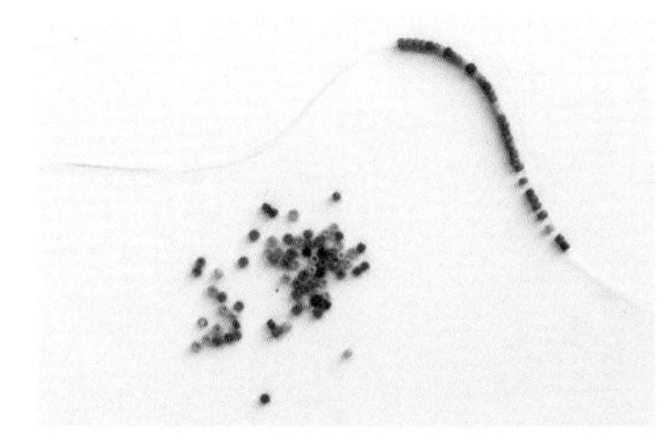

01 우레탄 줄을 미리 자르지 않고 사용합니다. 미리 자를 경우 뒤쪽으로 빠질 수 있습니다. 미리 자를 경우에는 필요량보다 길게 준비해주세요.

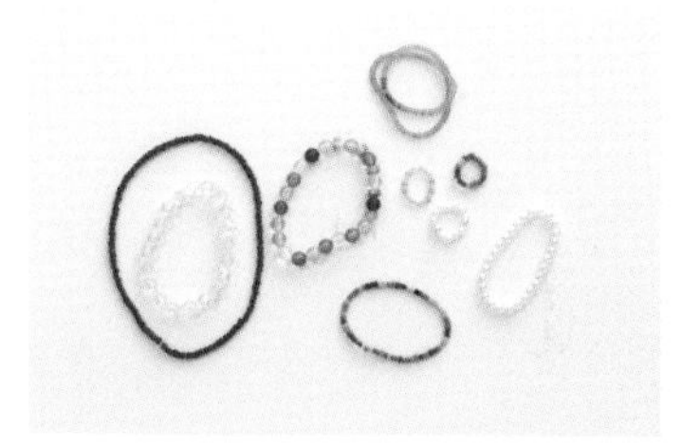

02 원하는 양의 비즈, 구슬, 진주 등을 꿰어주세요. 구슬의 크기나 양과 관계없이 최소 11cm 이상 비즈를 꿰어주어야 합니다.

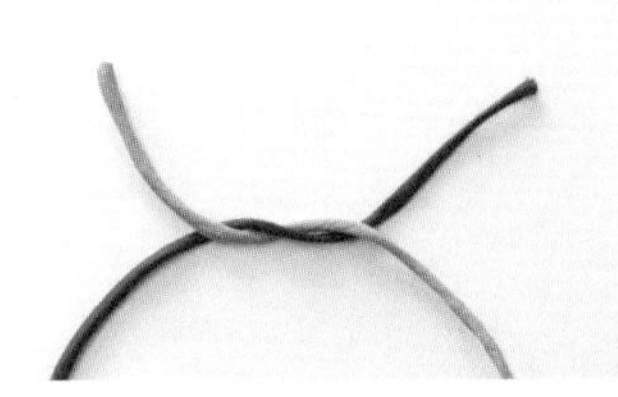

03 구슬을 꿰어 우레탄 줄을 3번 묶어 마감해주세요. 묶을 때 감기는 줄이 교차되어야 풀어지지 않습니다. 감기는 부분이 동일하게 반복될 경우 인형에 착용하다가 풀어질 수 있습니다. 우레탄 줄로 만든 목걸이는 아래에서부터 착용해주세요. 위로 착용시킬 경우 머리카락이 엉킬 수 있습니다.

실을 사용할 경우

01 최소 30cm 길이의 실을 비즈 전용 바늘에 꿰어 끝을 비즈 구멍보다 크게 묶어 마감해주세요.

02 끝으로 사용될 부분을 남기고 처음 꿴 비즈에 바늘을 최소 두 번을 반복해서 통과시켜 비즈가 움직이지 않도록 고정해주세요.

03 원하는 양의 비즈를 꿰어줍니다.

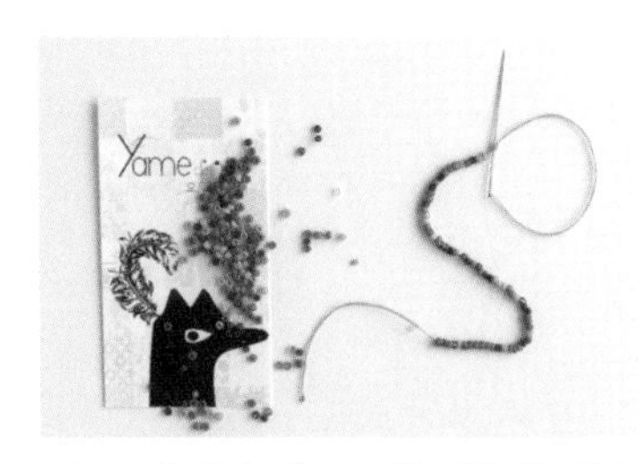

04 마지막 비즈 또한 바늘을 최소 두 번 통과시켜 비즈가 움직이지 않게 해주세요.

05 마지막 실을 매듭지어 풀어지지 않도록 해준 뒤 실을 잘라 바늘을 빼주세요.

06 인형에 착용할 때는 목 뒤에서 실을 매듭지어 주세요.

TIP

1 팔찌를 만들 때에는 만들어둔 인형의 손목에 맞추어 길이를 조절해주세요(우레탄 줄과 실 공통 대략 3.5cm).

2 팔찌의 경우 사이즈가 작기 때문에 본문의 길이만 보고 만들 경우 헐렁해서 빠질 수 있습니다. 그럴 때에는 버리지 말고 두어 땀 정도 바느질해서 고정해주어도 좋습니다.

휴대용 파우치

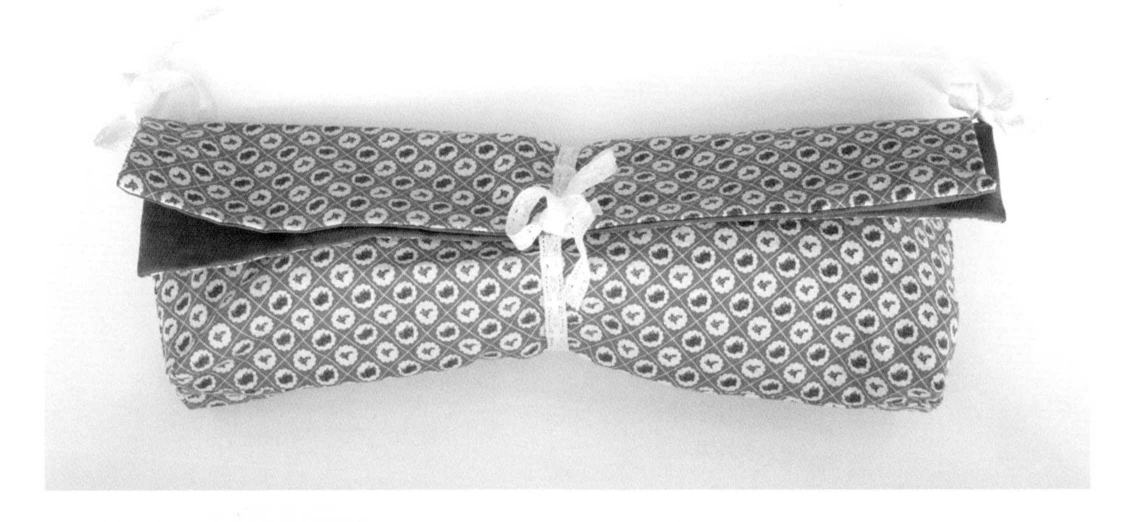

Ready

준비물 겉감용_ 폭 52cm, 길이 32cm 11수 린넨 2장
안감용_ 폭 52cm, 길이 32cm 20수 면 2장
25cm 토션 레이스(테이프 리본) 5개, 65cm 토션 레이스(테이프 리본) 1개
패턴은 제공되지 않으며 표기된 사이즈로 잘라 사용합니다(시접 1cm).

기본 도구 실, 바늘, 가위, 패브릭 펜, 시침핀

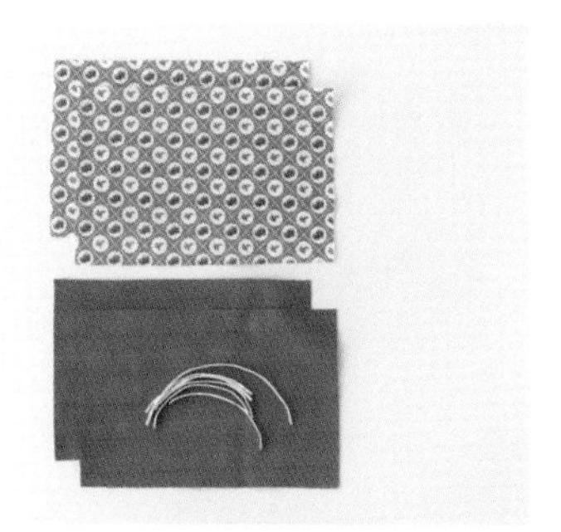

How to make

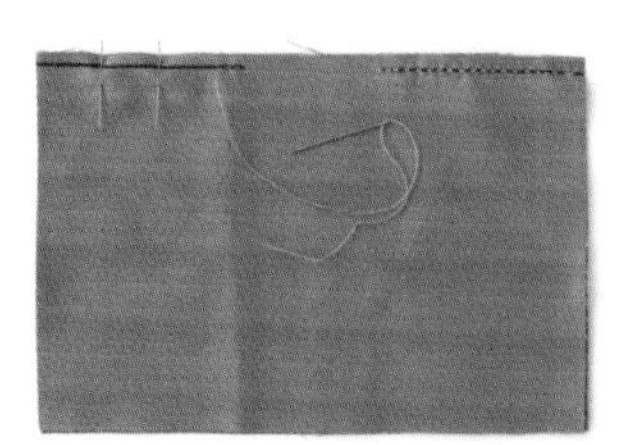

01 안감용 원단의 겉과 겉을 마주 보게 둔 뒤 길이가 긴 쪽 한 곳을 창구멍을 제외하고 촘촘히 꿰매줍니다(양쪽 시접 1cm는 꿰매지 않습니다).

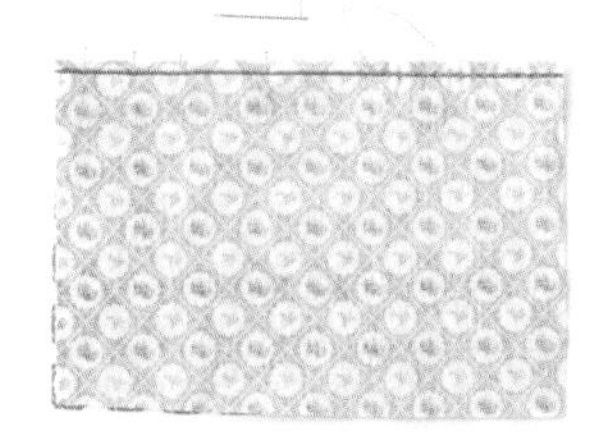

02 겉감용 원단의 겉과 겉을 마주 보게 둔 뒤 길이가 긴 쪽의 한 곳을 촘촘히 꿰매줍니다(양쪽 시접 1cm는 꿰매지 않습니다).

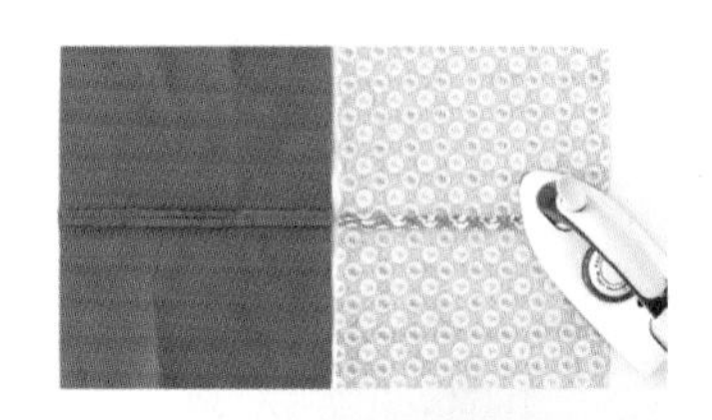

03 바느질선이 울지 않도록 다림질해주세요. 시접은 좌우로 갈라주세요.

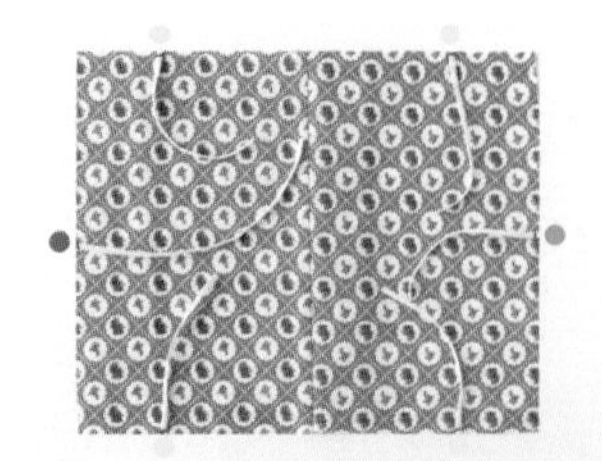

04 준비된 토션 레이스를 겉감 겉쪽 시접선 안에 임시로 고정해주세요. 25cm 토션 레이스 4개는 사진상 좌우 옆에서 7.5cm 아래 선 4곳(노란 점)에, 65cm 토션 레이스는 좌측 중심(주황 점)에, 마지막 25cm 토션 레이스는 우측 중심선(초록 점)에 임시로 고정합니다.

05 꿰매둔 겉감과 안감의 겉과 겉을 마주 보게 해주세요(임시 고정해둔 끈이 움직이지 않도록 잘 고정합니다).

06 시침핀으로 고정한 뒤 사진 상위 아래를 촘촘히 꿰매주세요.

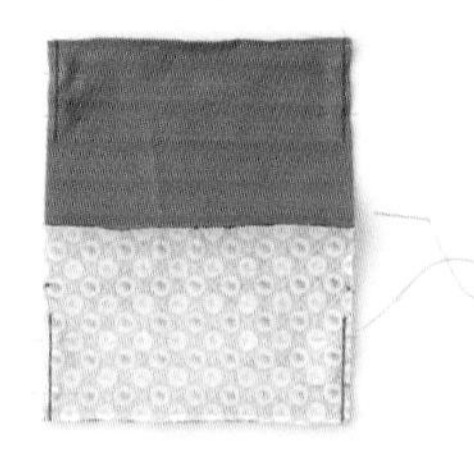

07 6번의 바느질선이 가운데 오도록 겉감은 겉감끼리, 안감은 안감끼리 마주 보도록 접어준 뒤 겉감 밑선에서 중심으로 15cm까지, 안감 밑선에서 중심으로 15cm까지 촘촘히 꿰매주세요(4곳).

08 꿰매지지 않은 부분의 겉감과 안감이 마주 보게 접은 뒤 중심 꼭짓점이 겹쳐지지 않도록 주의하여 촘촘히 꿰매주세요(4곳).

09 옆에서 보면 사진과 같이 십자 모양이 됩니다.

10 시접을 안감 쪽으로 접어 다림질해주세요.

11 바닥 중심선과 옆선을 겹치게 접어주면 삼각형이 만들어집니다. 밑면의 길이가 5cm가 되도록 선을 그은 뒤 촘촘히 꿰매주세요(중심선 좌우의 길이를 동일하게 맞춰주세요).

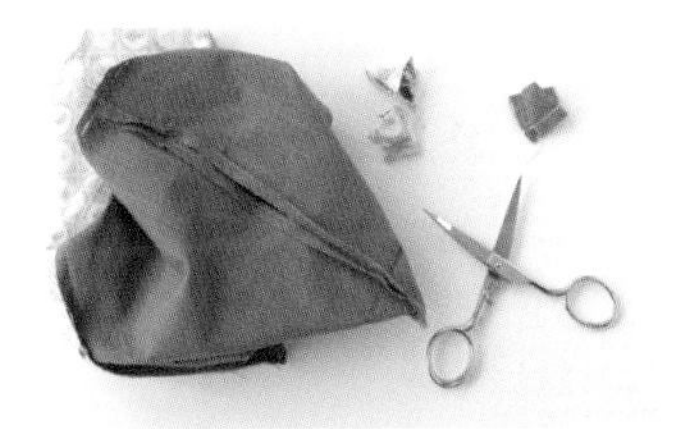

12 시접 1cm를 남기고 잘라주세요. 모두 4곳을 11번과 12번 과정과 동일하게 처리해주세요.

13 창구멍을 통해 뒤집은 뒤 꿰매어 막아주세요. 12번 과정처럼 뒤집으면 사진의 좌측과 같은 모양이 나옵니다.

14 겉감이 겉으로 나오게 뒤집어 주면 완성!

납작 파우치 형태로 마감하는 방법

11 파우치 만들기 10번 과정 후 창구멍을 통해 뒤집어주세요.

12 창구멍을 꿰매어 막아주세요.

13 겉감이 겉으로 나오게 정리해 줍니다.

14 완성! 인형을 넣어 보관해도 좋습니다.

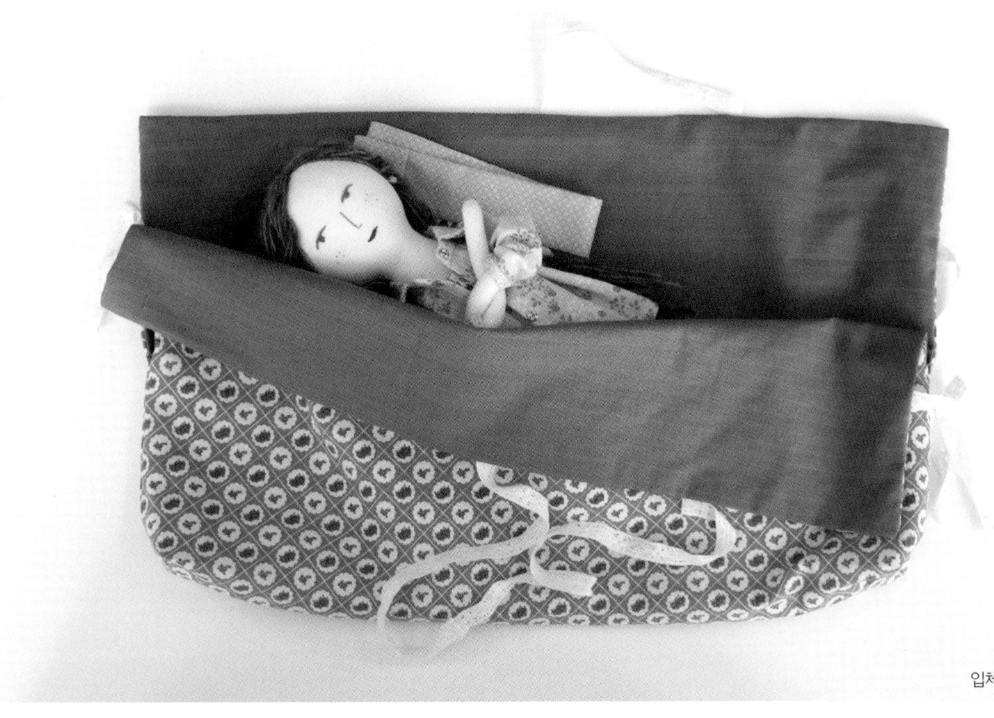

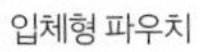

입체형 파우치

납작 파우치

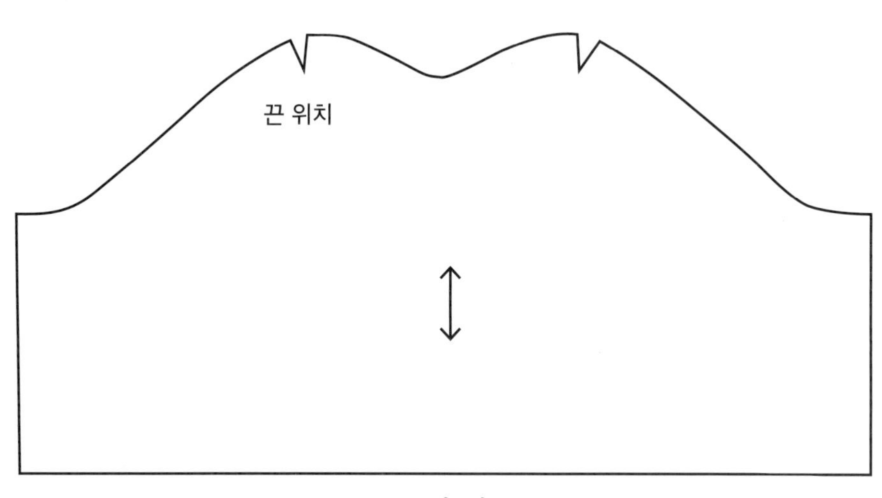

브라렛

p.84

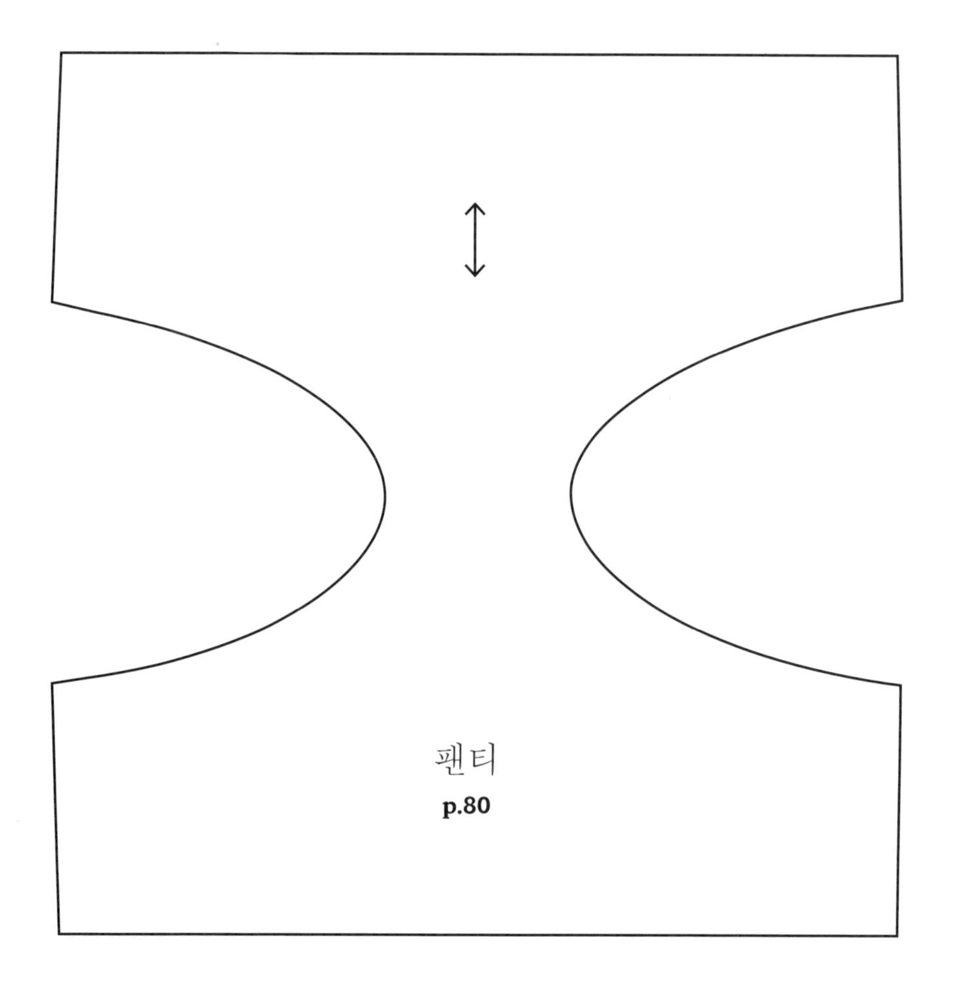

팬티

p.80

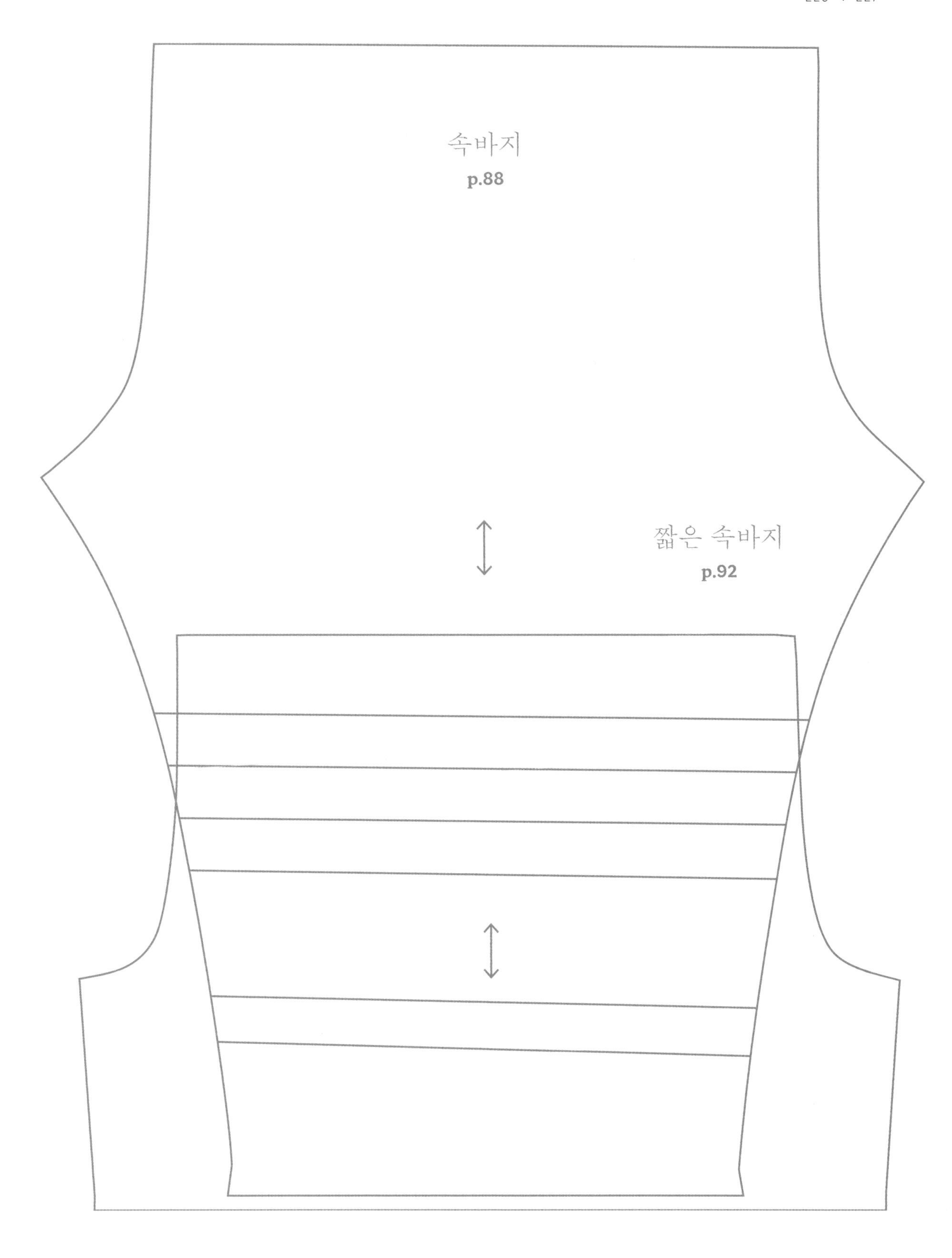
속바지
p.88
짧은 속바지
p.92

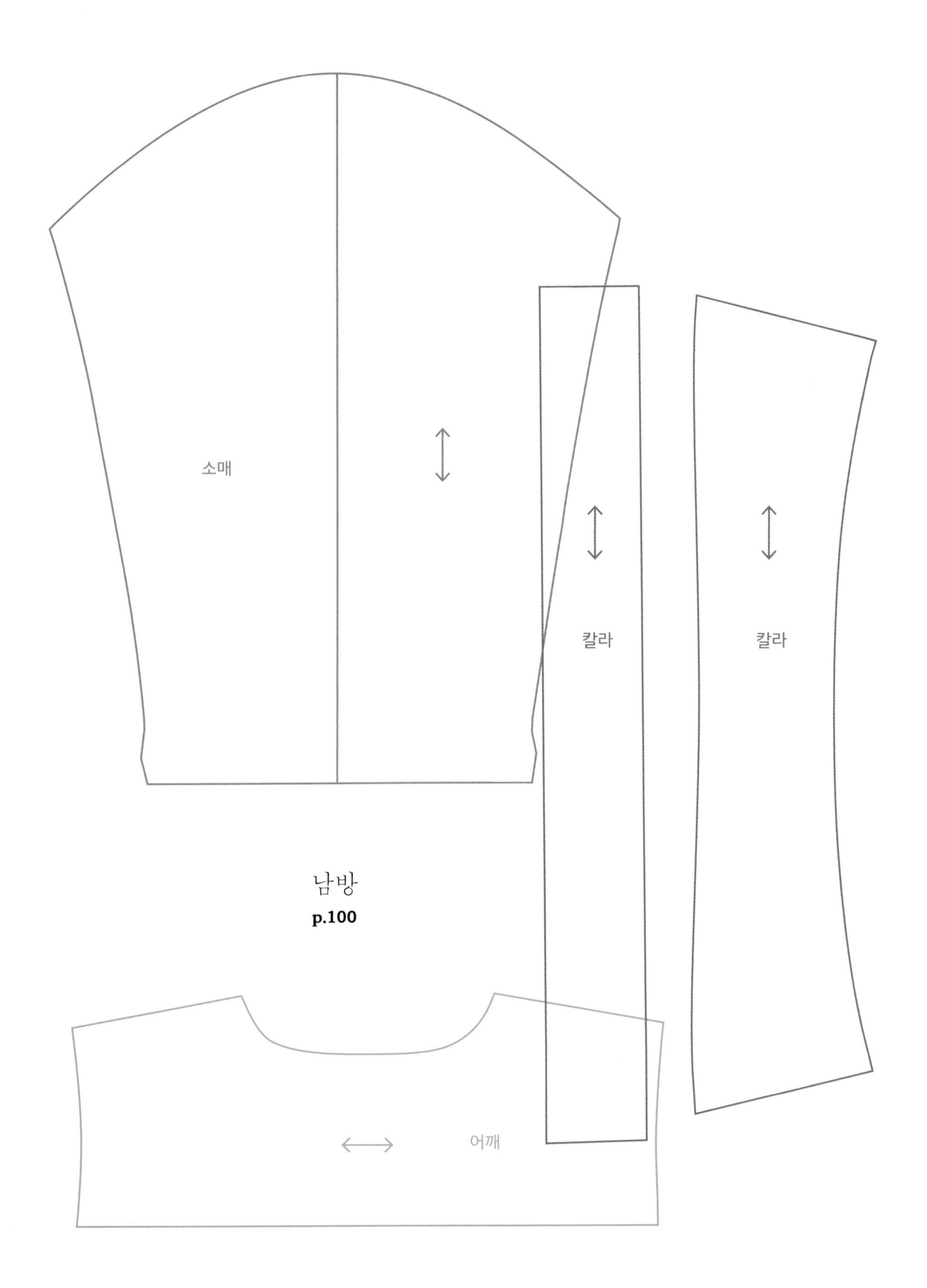
소매
칼라
칼라
남방
p.100
어깨

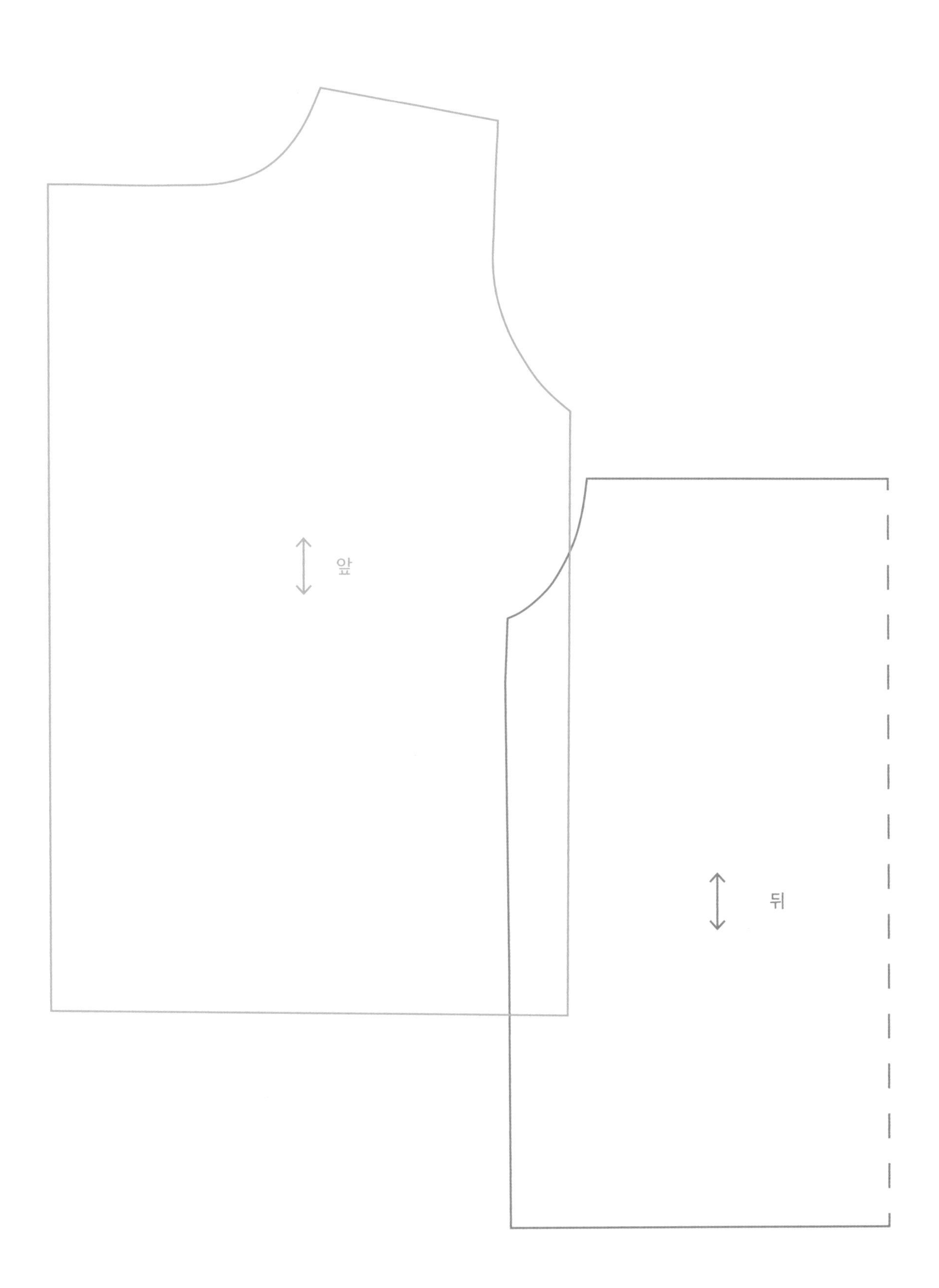
앞
뒤

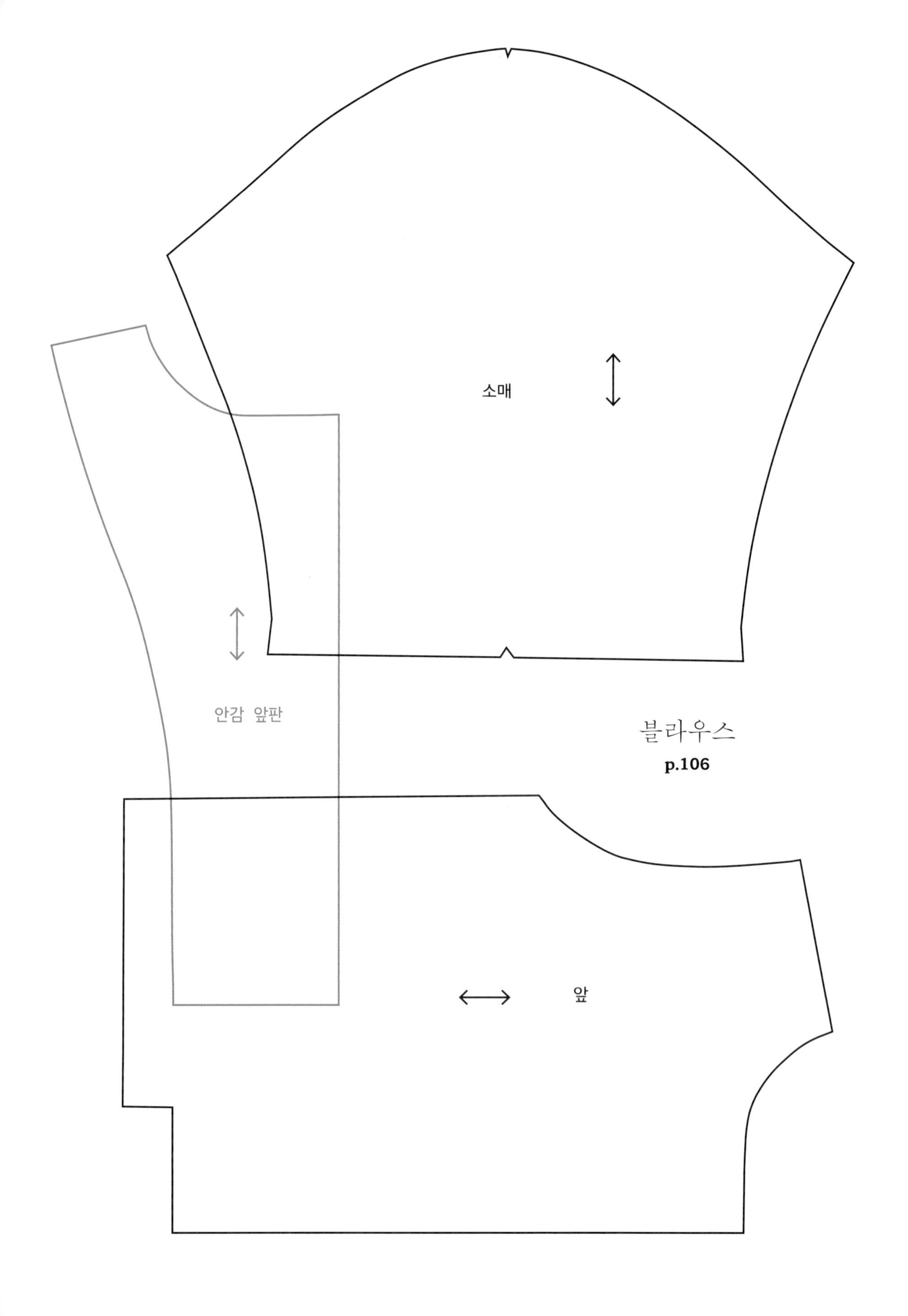
소매
안감 앞판
블라우스
p.106
앞

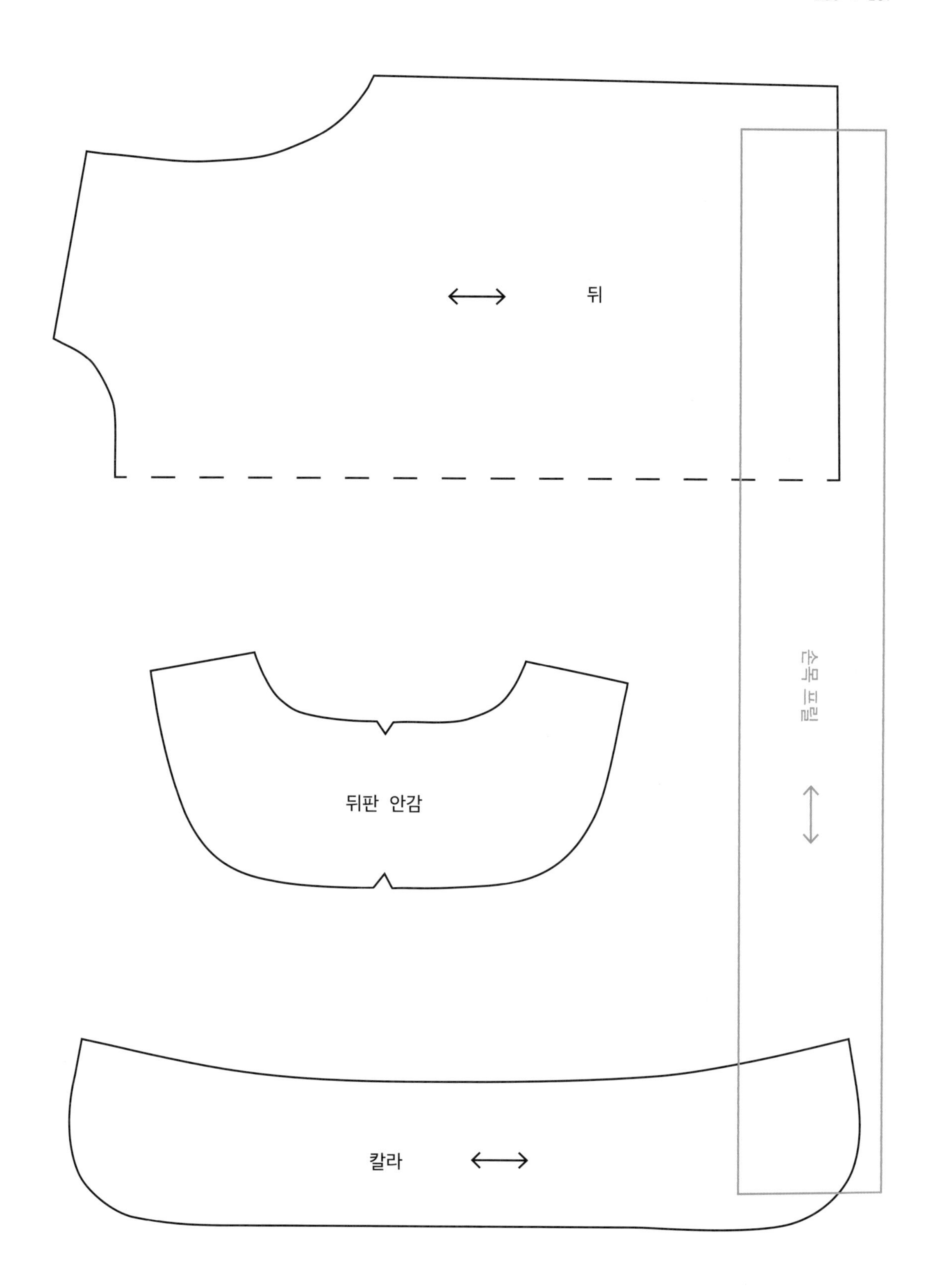
뒤
뒤판 안감
칼라
손목 프릴

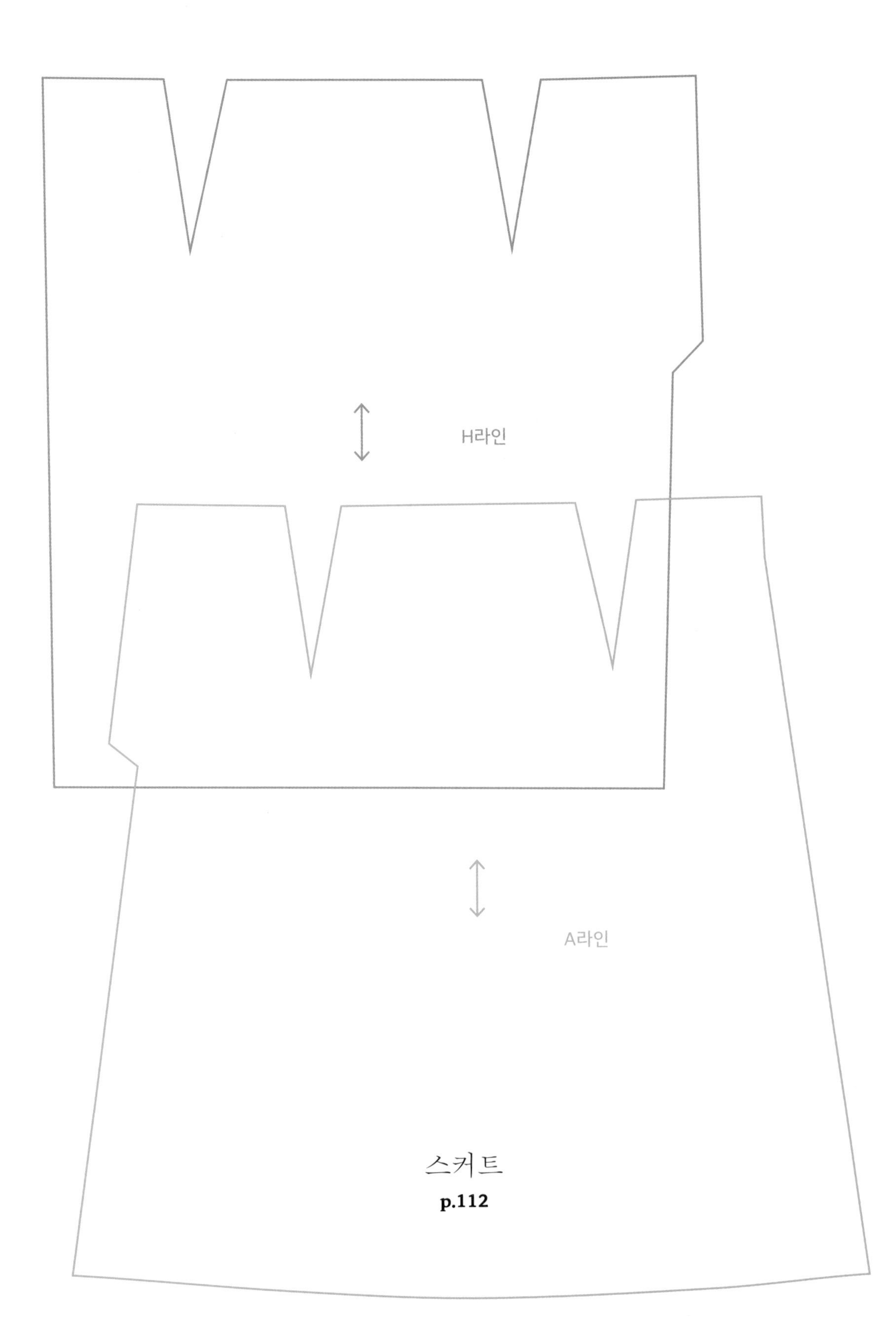
H라인
A라인
스커트
p.112

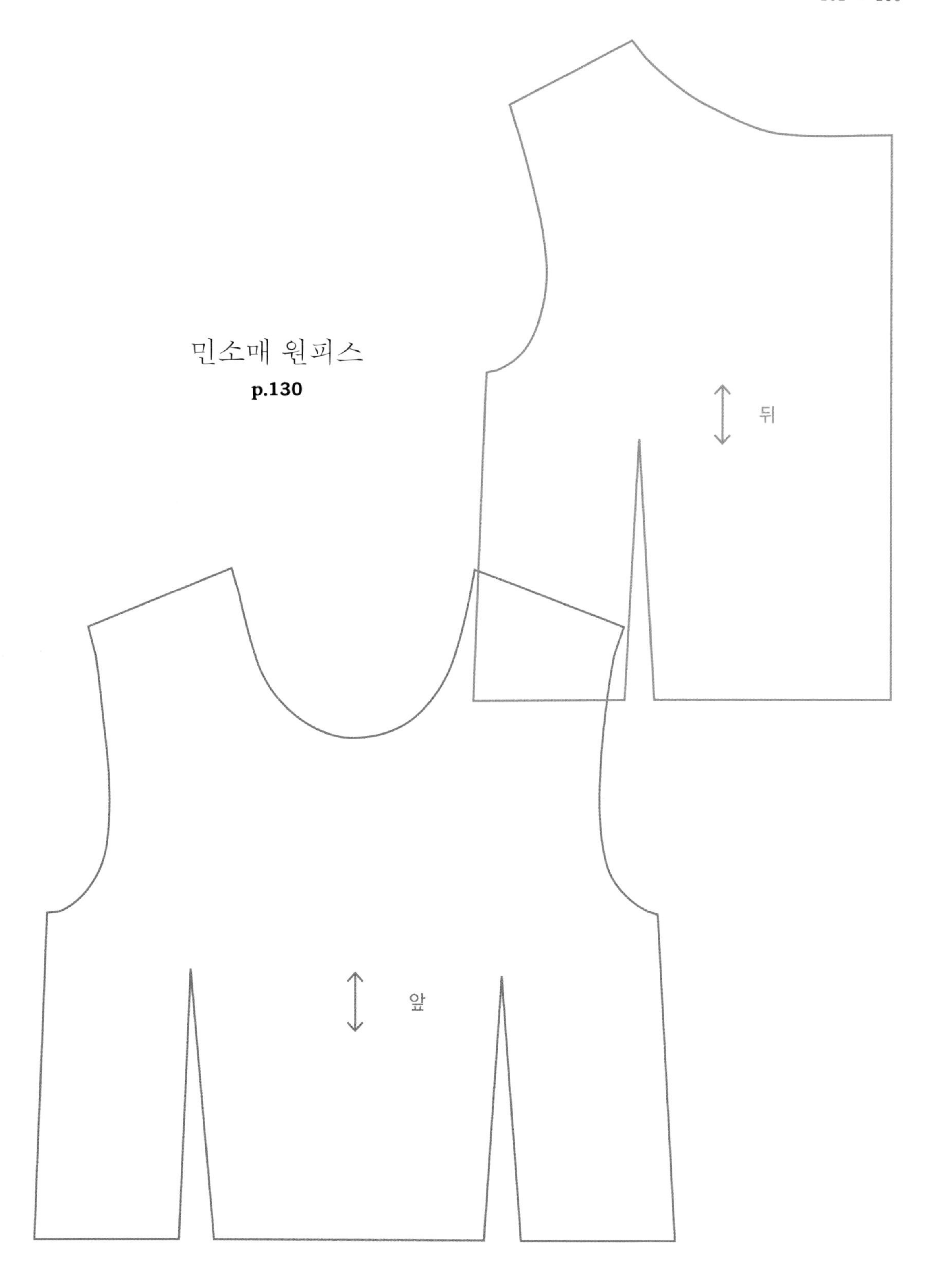
민소매 원피스
p.130
뒤
앞

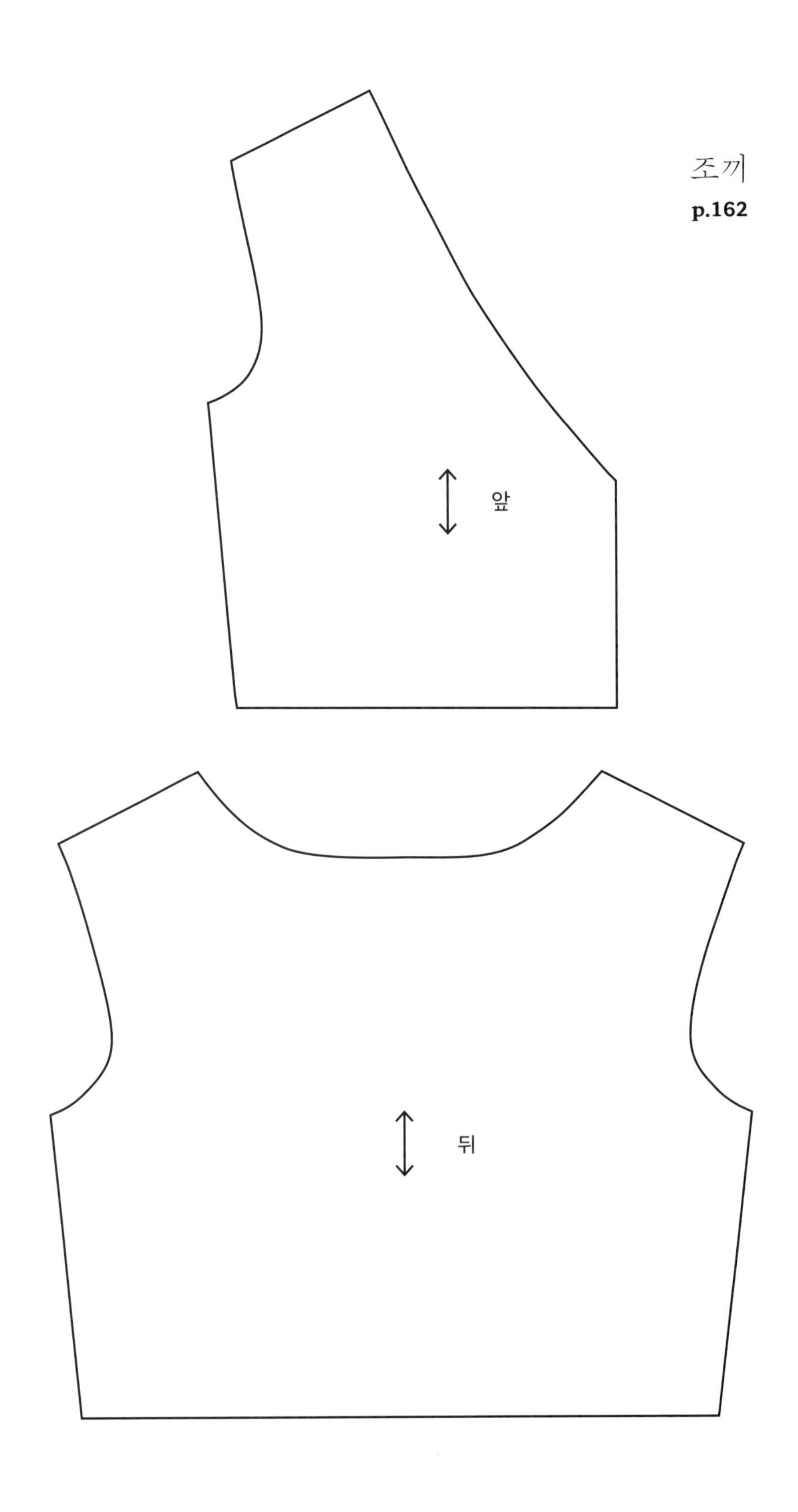
조끼
p.162
앞
뒤

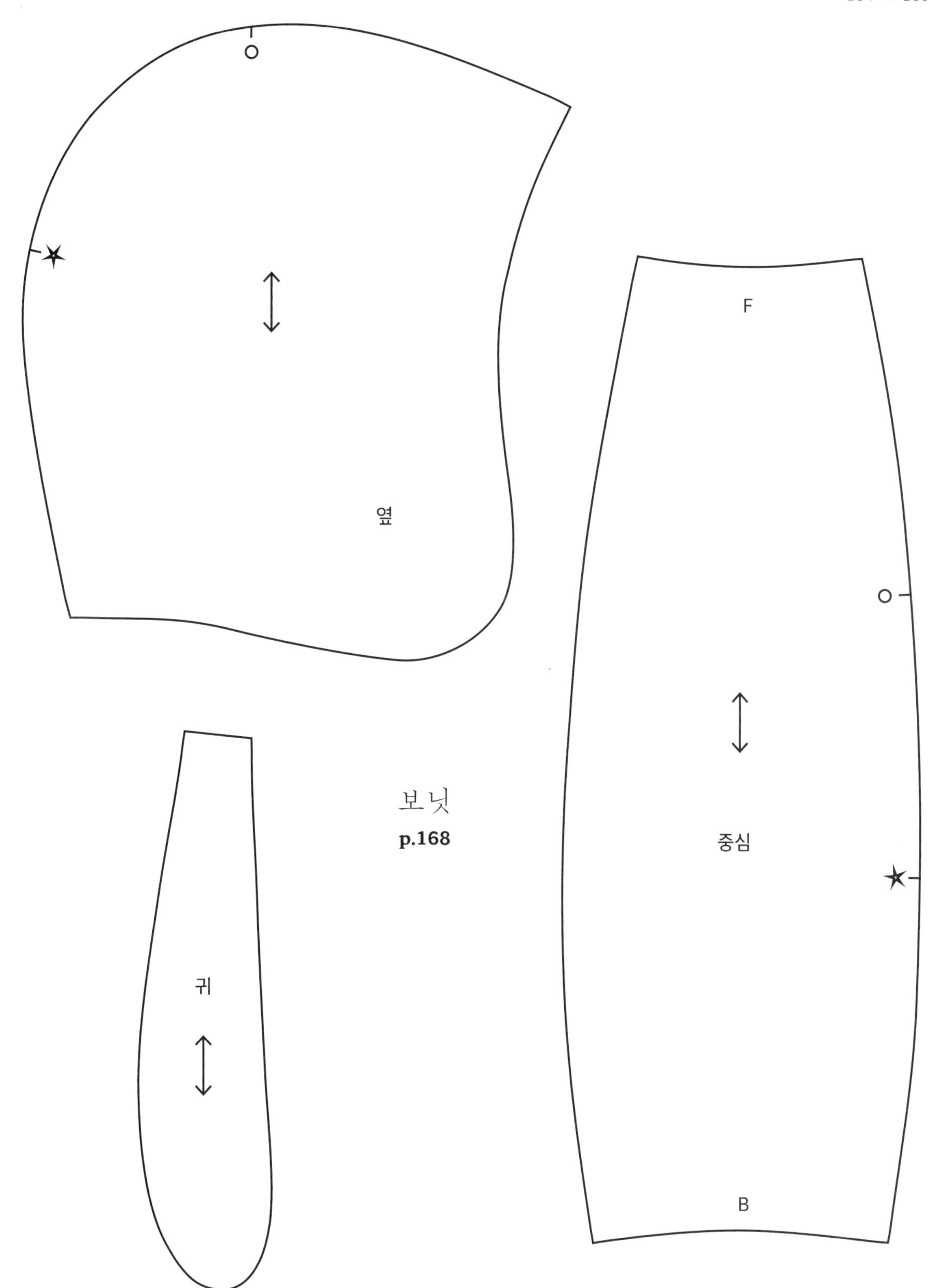
옆
F
중심
B
귀
보닛
p.168

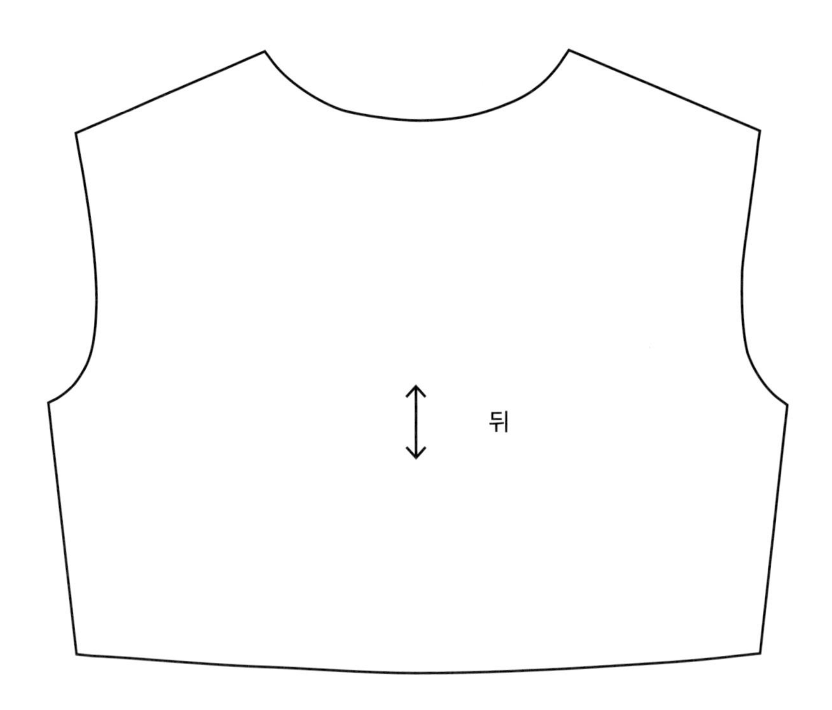

랩 원피스
p.144

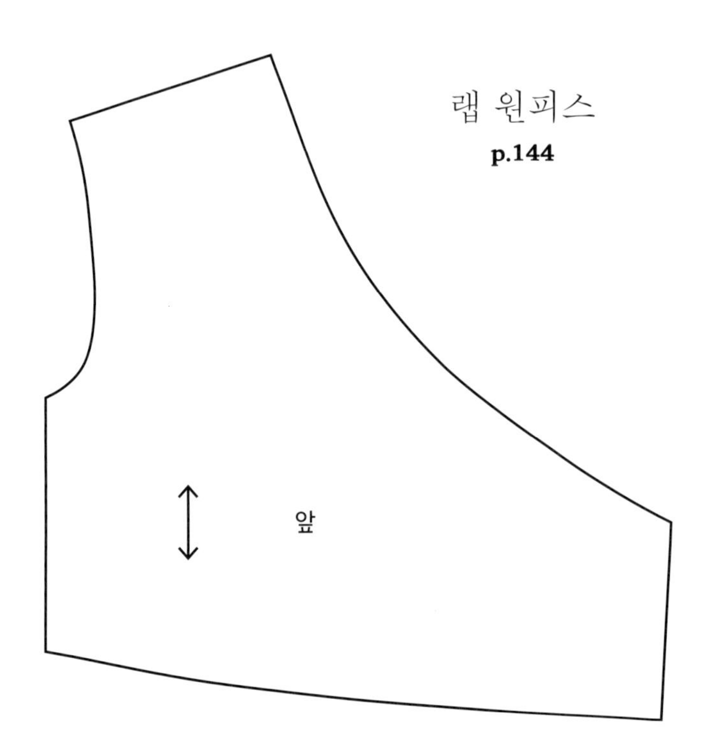

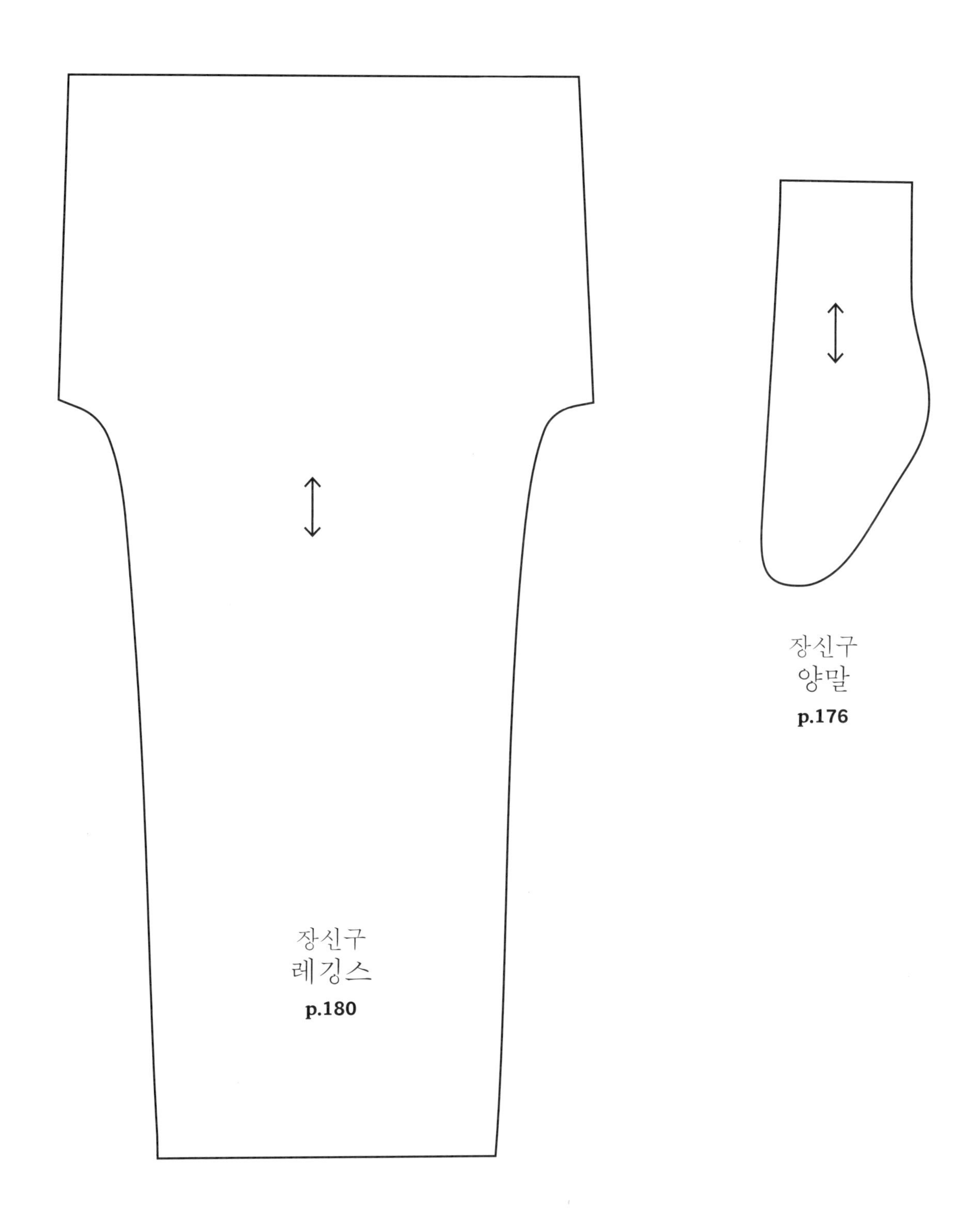
장신구
양말
p.176
장신구
레깅스
p.180

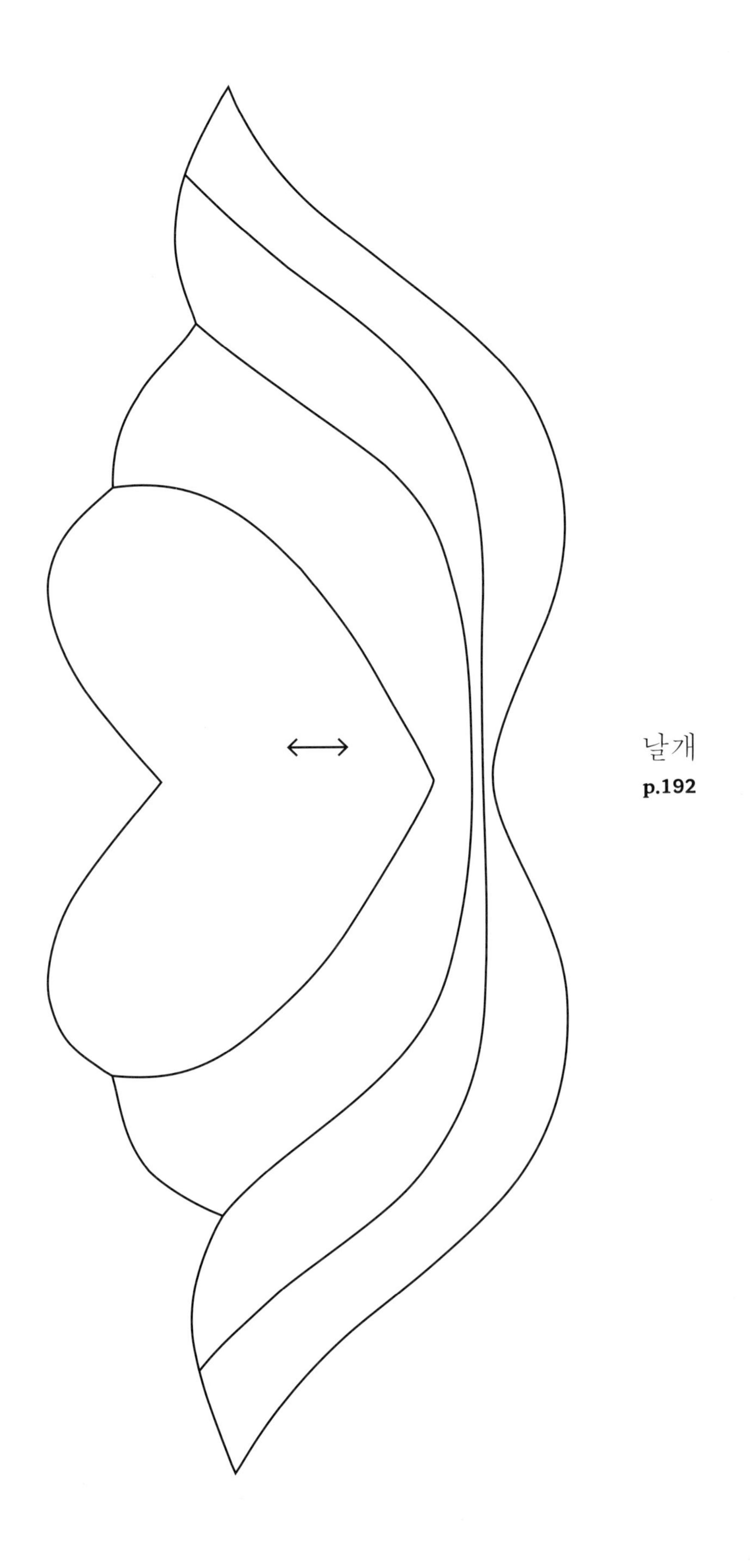

날개

p.192

장신구
앞치마 2
p.212

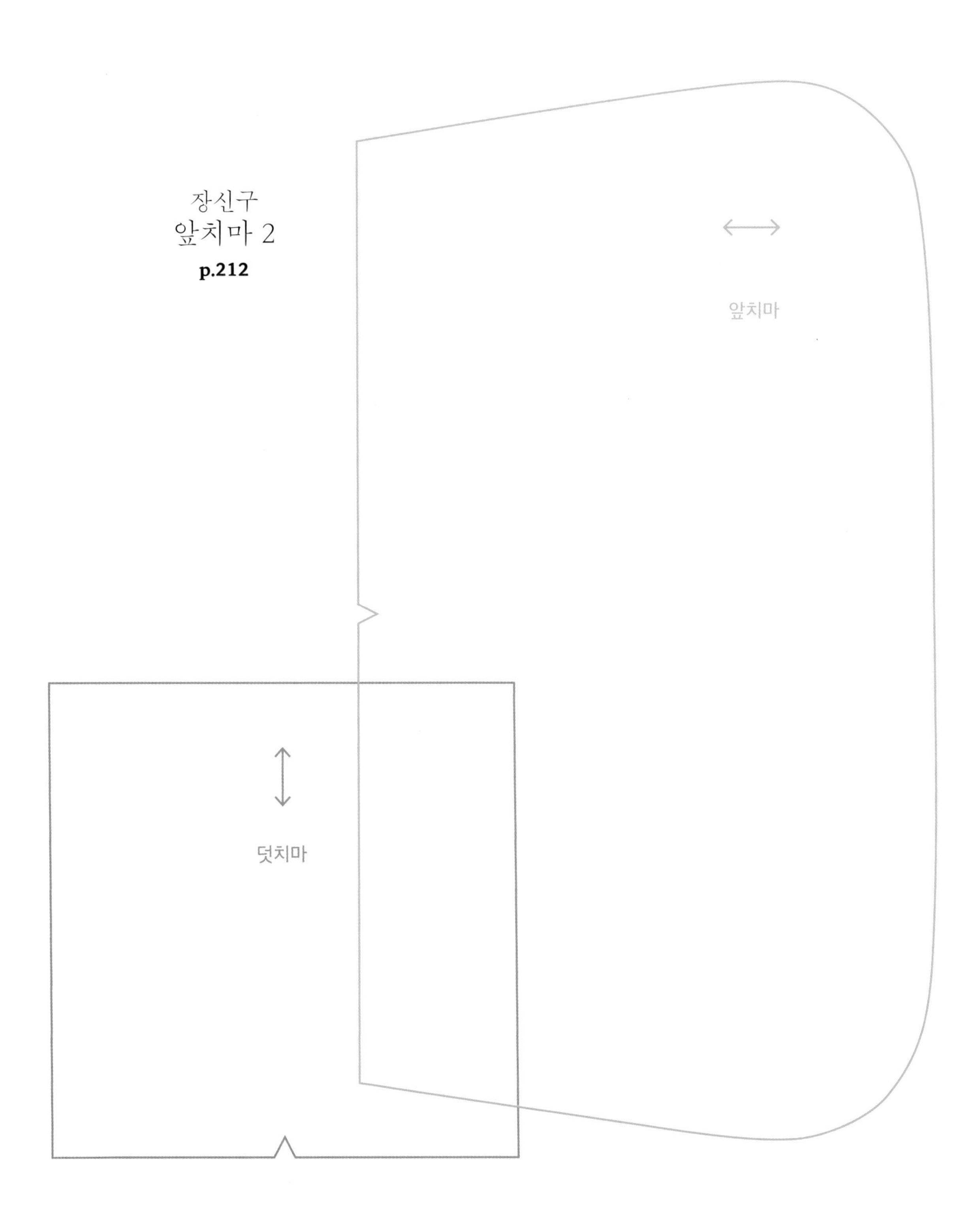

어른아이를 위한
반려인형과 옷 만들기

초판 1쇄 발행 2019년 9월 30일

지은이 홍지경
펴낸이 이지은
펴낸곳 팜파스
기획 · 진행 이진아
편집 정은아
디자인 박진희
마케팅 김서희
인쇄 케이피알커뮤니케이션

출판등록 2002년 12월 30일 제10-2536호
주소 서울시 마포구 어울마당로5길 18 팜파스빌딩 2층
대표전화 02-335-3681 **팩스** 02-335-3743
홈페이지 www.pampasbook.com | blog.naver.com/pampasbook
페이스북 www.facebook.com/pampasbook2018
인스타그램 www.instagram.com/pampasbook
이메일 pampas@pampasbook.com

값 20,000원
ISBN 979-11-7026-266-4 13590

이 도서의 국립중앙도서관 출판예정도서목록(CIP)은 서지정보유통지원시스템 홈페이지(http://seoji.nl.go.kr)와 국가자료공동목록시스템(http://www.nl.go.kr/kolisnet)에서 이용하실 수 있습니다.(CIP제어번호: CIP2019035012)